Der Haubentaucher

Podiceps cristatus

2. unveränd. Auflage, Nachdruck der 1. Auflage von 1973

Mit 64 Abbildungen

Manfred Melde

Die Neue Brehm-Bücherei Bd. 461
Westarp Wissenschaften · Magdeburg · 1995
Spektrum Akademischer Verlag · Heidelberg · Berlin · Oxford

Die Deutsche Bibliothek — CIP-Einheitsaufnahme

Melde, Manfred:
Der Haubentaucher: Podiceps cristatus / von Manfred Melde. –
2., unveränd. Aufl., Nachdr. der 1. Aufl. von 1973. –
Magdeburg: Westarp-Wiss.; Heidelberg: Spektrum Akad. Verl., 1995
(Die Neue Brehm-Bücherei; Bd. 461)
ISBN 3-89432-817-7
NE: GT

Publiziert in Zusammenarbeit mit
Spektrum Akademischer Verlag, Heidelberg

Druck und Bindung: Hartmann, Ahaus

Inhaltsverzeichnis

kt-

1. Einleitung

Nachdem bereits zwei ausgezeichnete, vielseitig informierende Monographien über Lappentaucher in dieser Schriftenreihe vorliegen, erweist es sich als besonders schwer, eine dritte, ebenbürtige zu schaffen. Sie soll ja nicht nur einen möglichst großen Informationsgehalt besitzen, sondern dem Benutzer dieses Bandes auch ein rasches Vergleichen analoger Fakten ermöglichen. Da jeder der beiden Autoren seinen eigenen Weg ging, so wird auch dieser Band trotz aller Angleichversuche seinen eigenen Aufbau haben müssen.

Während meiner nunmehr fast 30jährigen ornithologischen Tätigkeit in den Oberlausitzer Teichgebieten erweckte neben einigen anderen Charaktervögeln dieser reizvollen Landschaft auch der Haubentaucher mein besonderes Interesse. Und die Fragen, die sich während zahlreicher Exkursionen bzw. während vieler Ansitze an verschiedenen Nestern ergaben, versuchte ich durch Literaturstudien zu klären. Doch hier stieß ich auf das gleiche Problem wie meine beiden Vorgänger. In der Literatur, wenigstens in der deutschsprachigen, liegen meist nur kleinere Beiträge vor, die zudem weit verstreut und an nicht immer leicht zugänglichen Stellen zu finden sind. Zuweilen fand ich auch widersprüchliche Darstellungen, die zum Teil jetzt noch ungeklärt sind. Deshalb wird es auch Aufgabe dieser Schrift sein, nicht nur Bekanntes zu einem einheitlichen Bild zusammenzufügen, sondern auch Lücken unseres Wissens über die Art aufzuzeigen. Jeder Interessierte kann dann ohne Zeitverlust mit weiterführenden Untersuchungen bzw. Beobachtungen einsetzen.

Unsere Oberlausitzer Teiche befinden sich seit etwa 10 Jahren in einem Stadium großer Umgestaltungen. Aus den stillen, verträumten Teichen mit ihren breiten Vegetationsgürteln und einem mäßigen Karpfenertrag wurden und werden vegetationsarme, manchmal sogar vegetationslose, monoton aussehende Gewässer mit erstaunlich hohen Fischerträgen (Beispiel: Weißiger Großteich, 30 ha, 1961 16,7 t, 1971 dagegen 57,1 t). In diesen „Wirtschaftsflächen“ bleibt für Wildfische nur noch wenig Platz. Und das wird wohl letztlich auch einmal das Ende für das Vorkommen der Haubentaucher in der Oberlausitz bedeuten. Somit soll dem Haubentaucher besonders durch die in diesem Gebiet entstandenen Fotos ein Denkmal gesetzt werden.

Manches Allgemeine über die Ordnung der Lappentaucher zu schreiben erübrigt sich, da sowohl W o b u s (1964a) als auch B a n d o r f (1970) Grundsätzliches mitteilen und Hinweise auf weiterführende Literatur geben.

Bei meinen Arbeiten an dieser Monographie unterstützten mich besonders die Mitarbeiter des avifaunistischen Arbeitskreises der Oberlausitz, die Herren L. Becker, Herrnhut, Dr. G. Creutz, Neschwitz, S. Dankhoff, Friedersdorf, Dr. P. Hummitzsch, Dresden, H. Knobloch, Zittau, E. Kramer, Seifhennersdorf, S. Krüger, Hoyerswerda, F. Menzel, Niesky, H. Menzel, Lohsa, J. Nickel, Rammenau, Ch. Schluckwerder, Löbau, H. Schölzel, Hauswalde, W. Schulz, Schmorkau, K.-H. Schulze, Uhyst/Hoyerswerda, H. Zähr, Niedergurig.

Herrn Dr. G. Creutz, Neschwitz, Frl. E. Meißner, Tierkundemuseum Dresden, und Herrn P. Weißmantel, Kamenz, danke ich vor allem für die Unterstützung bei Literaturstudien.

Frl. E. Meißner übernahm außerdem die Anfertigung der Vorlagen für den größten Teil der Figuren.

Herr Dr. A. Keve, Budapest, machte mich mit den den Haubentaucher betreffenden Verhältnissen in Ungarn bekannt und gab interessante Literaturhinweise.

Die Herren Ingenieure für Binnenfischerei U. Bräuer, Weißig/Kamenz, und H. Klotzsch, Döbra, gestatteten mir vorbehaltlos das ständige Betreten ihrer Teichgebiete, wodurch alle meine Außenarbeiten wesentlich erleichtert wurden. Meinem Kollegen A. Fiedler, Schönbach, danke ich für einige Übersetzungsarbeiten.

Wesentliche Unterstützung bei allen Arbeiten erhielt ich von meinen beiden Söhnen Ingolf und Falko, die mit Ausdauer und Gewissenhaftigkeit jeden Auftrag erfüllten.

Die größte Last aller Helfer hatte jedoch Herr Dr. U. Wobus, Gatersleben, zu tragen, der mich mit Literatur unterstützte, die Manuskriptdurchsicht übernahm und mir so manchen wertvollen Hinweis gab.

Die Vogelwarten Hiddensee, Helgoland und Radolfzell überließen mir dankenswerterweise die vorliegenden Ringfunde zur Auswertung. Zum Schluß möchte ich auch noch dem gleichbleibend freundlichen Entgegenkommen und verständnisvollen Bemühen des A. Ziemsen Verlages, Wittenberg Lutherstadt, um die Herstellung dieses Bandes danken.

2. Namen

Naumann (1905) nennt die stattliche Zahl von 45 deutschsprachigen Trivialnamen, von denen die meisten auf das Aussehen (gehaubter Steißfuß, gehörnter Taucher, Taucher mit dem Schopfe, Straußtaucher) oder auf einen häufig hervorgebrachten Ruf (Work, Lorch) zurückzuführen sind. Einige der dort aufgeführten Namen sind jedoch nicht sofort erklärbar (Erztaucher, Meerhase, Schlaghahn). Die meisten dieser Namen werden wohl nirgend mehr verwendet und daher auch nicht mehr verstanden. Der in den vergangenen fünfzig bis einhundert Jahren immer mehr zunehmende Informationsaustausch zwang wie bei anderen Arten zur Einigung auf einen Namen: Haubentaucher.

Alle anderen Benennungen haben lediglich historischen Wert und interessieren wohl nur noch Sprachwissenschaftler.

3. Verbreitung und Aussehen des Haubentauchers

3.1. Verbreitung und Aussehen der nicht zur Nominatform gehörenden Unterarten

Der Art wird ein hohes phylogenetisches Alter zugesprochen. Als Anzeichen dafür werden das komplizierte Farbmuster des Kopfes, die weite, zerstreute Verbreitung und die geringe geographische Variation angesehen (Voous 1962). Von den früher beschriebenen vier Unterarten (u. a. Hartert 1912—1921 und Peters 1931) werden neuerdings (z. B. Bauer und Glutz 1966) nur noch drei aufgeführt:

1. *Podiceps cristatus cristatus* (L.)
2. *Podiceps cristatus infuscatus* Salvad.
3. *Podiceps cristatus australis* Gould

Zu *Podiceps cristatus australis* Gould: Seine Verbreitung beschränkt sich auf den australischen Raum. Hartert (1912—1921) gibt Neuseeland als sein Verbreitungsgebiet an. Für Australien und Tasmanien führt er eine vierte Unterart an: *Podiceps cristatus christiani* (Mathews). Bei einer Vereinigung dieser beiden Unterarten umfaßt das Verbreitungsgebiet von *Podiceps cristatus australis* auch diese Räume.

Nach Hartert (1912—1921) ist die Oberseite viel dunkler als bei der paläarktischen Nominatform. Die Körperseiten sind ebenfalls viel dunkler, mehr dunkelbraun als rotbraun. Diese Unterart wird als großwüchsiger bezeichnet, ohne daß die Flügel länger als die von *Podiceps c. cristatus* sind.

Weiter führt Hartert (1912—1921) aus, daß diese Unterart kein „unscheinbares Winterkleid" anzulegen scheine. Dies wäre dann auch das einzige Kennzeichen, das diese Unterart im allgemeinen deutlich von der bei uns beheimateten unterscheidet (siehe jedoch Kap. 3.3.!). Bei der einbezogenen Unterart *Podiceps cristatus christiani* werden die Unterscheidungsmerkmale noch verwaschener, Hartert schreibt, sie unterscheide sich von *Podiceps c. cristatus* kaum, habe aber einen geraderen und schwächeren Schnabel. Die Flügelmaße gehen anscheinend nicht über 192 mm hinaus, was durchaus keinen Unterschied zu unseren heimischen Haubentauchern darstellt. Doch die Angabe, die Oberseite sei heller, widerspricht der Vereinigung mit *Podiceps cristatus australis*.

Abb. 1. Verbreitung des Haubentauchers. Gezeichnet nach Text und Zeichnungsvorlagen von Voous (1962), Hartert (1912—1921), Dementjew (1951), Bauer und Glutz (1966), Peters (1931)

Zu *Podiceps cristatus infuscatus* Salvad.: Sie bewohnt Teile Afrikas südlich der Sahara. Hartert (1912—1921) beschreibt diese Unterart wie folgt: Die Oberseite ist etwas dunkler (auch hier wieder gegenüber *cristatus!*). Das Braun des Oberkopfs reicht hinter dem Auge so weit wie der untere Augenrand vor und läßt über dem Auge keine Spur eines weißen Überaugenstreifens übrig. Die Körperseiten erscheinen schwärzlich, fast ohne Rotbraun. Der fast ganz schwarzbraune Schnabel zeigt lediglich eine helle Spitze.

Auch hier finden wir wieder die Angabe, diese Unterart lege kein vom Brutkleid unterscheidbares schlichtes Winterkleid an.

3.2. Die Verbreitung des bei uns beheimateten Haubentauchers zur Brutzeit

Die bei uns lebende Nominatform besiedelt weite Teile Eurasiens und damit den überwiegenden Teil des von der Art besetzten Areals. Die nördliche Grenze verläuft auf den Britischen Inseln weit im Norden Schottlands, springt, einen kleinen Vorposten bildend, dicht unterhalb 60° n. Br. zur Südwestküste Norwegens über, kommt im Oslo-Fjord zur schwedischen Halbinsel, durchzieht die schwedischen Südprovinzen in nordöstlicher Richtung und erreicht in einer Exklave in der nordschwedischen Provinz Västerbotten bei etwa 66° n. Br. seine nördlichste Verbreitung. In Finnland finden wir die Nordgrenze erst bei etwa 63° n. Br. wieder. Von hier aus verläuft sie ungefähr nach Ostsüdost über die südlichen Teile des Ladoga- und des Onegasees in Richtung Perm—Swerdlowsk—Tjumen—Krasnojarsk, führt in einem konkaven Bogen südlich um den Baikalsee herum und erreicht ganz im Osten am Chanka-See fast das Japanische Meer.

Von hier weicht die Grenze nach Südwest zurück, läuft etwa ab der Höhe von Peking ein Stück am Gelben Meer entlang und biegt, in einem konvexen Bogen auf der Linie Tschunking—Lhasa China durchquerend, endgültig nach Westen ab. Über Rawalpindi führt sie südwestlich Kabul (Niethammer 1967) etwa auf gleichem Breitengrad durch das restliche Afghanistan und durch Iran, weicht hier etwas nach Süden ab, durchquert ungefähr bei Bagdad Irak und erreicht im südlichen Israel das Mittelmeer (Dementjew und Gladkow 1951). Griechenland bleibt zum größten Teil unbesiedelt (Makatsch 1950 traf ihn brütend an einigen Stellen in Mazedonien an). Von hier aus bilden, mit kleinen Verbreitungslücken in Nordwestjugoslawien, Süditalien und in Portugal, Mittelmeer und Atlantik die Grenze. Die großen Mittelmeerinseln (Zypern heute nicht mehr, Bauer und Glutz 1966!) werden ebenfalls, wenn auch zum Teil recht spärlich, besiedelt. Einige lokale Vorkommen in Nordafrika befinden sich im Norden von Marokko, in Algerien, Tunesien und im Nildelta. In Asien brütet er noch isoliert im Gangesdelta (Voous 1962).

Über die Verbreitung der afrikanischen — und auch der australischen — Unterart bestehen Unklarheiten. Die Arealdarstellungen auf den Karten von Dementjew und Gladkow (1951) und Voous (1962) zeigen bedeutende Unterschiede. Ich folge hier im wesentlichen Voous (1962).

Die afrikanische Unterart *infuscatus* besiedelt Ostafrika vom oberen Nil bis zum Sambesi in einem Streifen etwa zwischen dem 30.° und 40.° ö. L. und die Spitze Südafrikas südlich des Limpopo und des Oranje. Das Gebiet zwischen diesen beiden Verbreitungszonen versieht Voous (1962) ebenso mit einem Fragezeichen wie zwei Räume am Mittellauf des Niger und zwischen dem Senegal und dem Atlantik. Dementjew und

Gladkow (1951) gaben Afrika südlich des 20. Breitengrades nördlicher Breite geschlossen als Verbreitungsgebiet an.

Zu *Podiceps cristatus australis* Gould: Diese Unterart kommt auf der Südinsel Neuseelands, auf Tasmanien, auf Australien etwa östlich der Linie Brisbane—Adelaide sowie auf einem Zipfel Südwestaustraliens zwischen dem Recherche-Archipel im Süden und nördlichen Perth im Westen vor (Voous 1962).

Nach Dementjew und Gladkow (1951) besiedelt der Haubentaucher Ost- und Südaustralien südlich des 20. Grades südlicher Breite bis etwa zum 125. Grad östlicher Länge, ferner Tasmanien und ganz Neuseeland.

Innerhalb des Verbreitungsgebiets fehlt die Art allein schon deshalb in weiten Gebieten, weil es an Gewässern fehlt, die Lebensmöglichkeiten bieten, etwa in Hochgebirgen. Andererseits wird auch über Fehlen oder sehr sporadisches Vorkommen berichtet, ohne daß die Ursachen offensichtlich sind: Nordwesten der Mongolischen Volksrepublik (Johansen 1959); in Sardinien brütet er selbst an den wenigen geeigneten Stellen nicht überall (Bezzel 1957).

Die Verbreitungsgrenzen sind aber auch durch Ausbreitungs- und Rückzugsbewegungen ständigen Veränderungen unterworfen. So breitet sich der Haubentaucher in Skandinavien etwa seit der ersten Hälfte des 19. Jahrhunderts in nordwestlicher bis nördlicher Richtung, mit Unterbrechung um die Jahrhundertwende, noch heute aus (Rendahl 1916, Silvonen und Kalela 1937, Lundevall 1953). Auch Westfalen und die Alpenrandseen wurden erst in unserem Jahrhundert besiedelt (Bauer und Glutz 1966).

Seine Ansprüche an die Gewässer, an die Ufervegetation, aber auch an die Unterwasserfauna prägen ihn vor allem als einen Vogel der Niederung, des Flachlands. Wenn jedoch seine Anforderungen (siehe Kap. 9.1.!) erfüllt sind, besiedelt er auch entsprechende Gewässer des Berglands bis hinauf in die unteren Regionen der Hochgebirge. Für Mitteleuropa sind Brutvorkommen bis 600 m durchaus als normal zu bezeichnen. Doch dann enden im allgemeinen die für sein Vorkommen notwendigen Voraussetzungen. Bauer und Glutz (1966) nennen das seltenere bzw. ausnahmsweise Brüten in Bayern über 810 m (Weißensee/Füssen). Bezzel (1970) gibt neuerdings als höchstgelegene Brutplätze Südbayerns den Attlesee (874 m) und den Barmsee (885 m) an. In der Schweiz nistet er im Sihlsee (890 m), in Österreich einmal auf dem Furtnerteich in der Steiermark (985 m), und als höchstes Brutvorkommen gilt das Waadtländer Jura in der Schweiz (1009 m) (Bauer und Glutz 1966).

3.3. Beschreibung des Haubentauchers

Der stockentengroße Vogel kann, zumindest im Brutkleid, mit keiner anderen Taucherart verwechselt werden.

Der Feldbeobachter stößt bei einer Geschlechtsbestimmung auf beträchtliche Schwierigkeiten. Die geringen Färbungsunterschiede zwischen Männchen und Weibchen erlauben keine eindeutige Zuordnung. Bei gepaarten Haubentauchern gelingt eine Geschlechtsbestimmung durch Vergleichen wohl meist (Abb. 3). Einzelvögel oder Gruppen von Haubentauchern können nicht exakt einem Geschlecht zugeordnet werden.

Alters-Brutkleid. An die schwarze Stirn und den charakteristischen zweigeteilten schwarzen Schopf (der je älter der Vogel, desto länger sein soll, Naumann 1905) schließen sich der annähernd einfarbig schwarzbraune Hinterhals und Rücken an. Die weiße Flügelzeichnung wird nur im Flug, dann aber besonders auffällig, sichtbar. An den dunkelroten, manchmal schwärzlich überlaufenen Schnabel schließt sich ein grauschwarzer nackter Fleck an, der fast bis zum Auge reicht. Das Weiß der Wangen geht stufenlos über rostfarben in den schwarzen Kragen über. Kehle, Vorderhals, Brust und Bauch leuchten atlasweiß. Die Innenseiten der Läufe sind grünlichgelb, die Außenseiten dagegen olivgrün bis grauschwarz gefärbt. Die karminrote Iris steht in einem wunderbaren Kontrast zur schwarzen Pupille und dem weißen, augumfassenden Gefieder. Ältere Vögel sollen sich „durch eine schönere und dunklere Färbung ihres Gefieders und durch höhere und reinere Farben des Schnabels und anderer nackter Teile“ auszeichnen (Naumann 1905).

Alters-Schlichtkleid (Herbst und Winter, bis Ende Januar). In diesem Kleid ist der Kopfschmuck (Schopf und Kragen) reduziert. Die Farbigkeit des Kopfes ist einem Braungrau gewichen, das auf dem Scheitel mit den kurzen Federbüscheln und dem Hinterhals in Schwarzbraun übergeht. Gleiche Färbung weist der restliche Oberkörper auf, während die gesamte Unterseite weiß erscheint. Im hohen Alter soll sich das Männchen durch schwärzliche Federspitzen des sonst weißen Kragens vom gleichaltrigen Weibchen unterscheiden (Naumann 1905).

Die Feststellungen Suetens' (1960) zeigen den starken Einfluß eines klimatisch begünstigten Brutgebiets in physiologischer Hinsicht (vergleiche Kap. 3.1., Winterkleider von *infuscatus* und *australis*!). Die bei Hofstade/Belgien brütenden Paare, die zum alten Stamm gehören („die tot de oude stam behoren“) und die, die bis spät in den Herbst bleiben und sehr früh wieder dorthin zurückkehren oder die, die ganz überwintern, legen in der Mehrzahl nie oder nur ein unvollständiges Winterkleid an. Sie werden etwas fahler, Haube und Kragen verschwinden nur teilweise. Dieses „Übergangskleid“ („overgangskleed“) geht unmittelbar wieder in das Prachtkleid über. Diese Befunde stellen eine homogene

Erscheinung zu den wohl kaum ziehenden Unterarten Afrikas und des australischen Raumes dar.

E r s t e s B r u t k l e i d. Die Stirn zeigt ein dunkles Braungrau, das erst an den Schopfbüscheln in Schwarz übergeht. Sonst sieht es dem Alterskleid gleich, wenn auch die Farben etwas weniger lebhaft sind.

E r s t e s R u h e k l e i d. Hier fehlt das Streifenmuster des Jugendkleids. Es bleibt nur noch ein vom Schnabel über das Auge bis zum Ohr reichender dunkler Streif. Schopf- und Kragenandeutungen des Alters-Ruhekleids fehlen fast völlig.

J u g e n d k l e i d. Kopf und Hals tragen das Streifenmuster des Dunenkleids: schwarzbraun — weiß. Die Halsseiten sind bräunlich überlaufen, Hinterhals und Rücken zeigen schwarzbraune Färbung. Rostfarbe finden wir in der Kropfgegend. Die weißglänzende Brust geht in den weißlichen, grau und rostfarben überlaufenen Bauch über. In diesem Kleid besitzen sie noch eine gelbe Iris, einen fleischfarbenen bis grüngelblichen, an der Firste graugefleckten Schnabel und graugrünliche, fleischfarben schimmernde Füße.

D u n e n k l e i d. Das schwarzweiße Streifenmuster von Kopf und Hals umschließt einen (normalerweise!) signalroten, nackten Stirnfleck und einen gleichfarbigen zwischen Schnabelwurzel und Auge. Dieses Zeichnungsmuster ist artspezifisch (siehe Abb. 2!) und kann somit als signifikantes Kennzeichen zur Unterscheidung der Dunenkleider aller heimischen Lappentaucherarten verwendet werden. Über den graubraunen

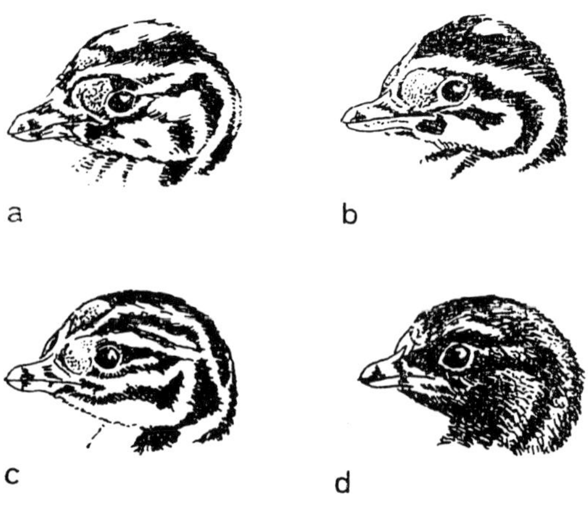

Abb. 2. Die artspezifischen Kopfzeichnungen der heimischen Taucherarten. a Haubentaucher, b Rothalstaucner, c Schwarzhalstaucher, d Zwergtaucher. Aus B a u e r und G l u t z 1966

Rücken ziehen sich schwarze Längsstreifen. Der weiße Bauch tritt bereits in diesem Kleid auf. Die Füße sind vorerst mehr bleigrau mit weißrötlichen Innenseiten. Der an der Basis rötliche Schnabel zeigt eine blaßgelbliche Grundfarbe, die von einem schwärzlichen Fleck unterbrochen wird. Die perlgelbe, fast weiße Iris fällt in dem stark kontrastierenden Zeichnungsmuster gar nicht auf.

Farbanomalien. Farbabnormitäten scheinen beim Haubentaucher selten vorzukommen, wie aus der mir vorliegenden Literatur hervorgeht. Naumann (1905) führt aus älteren Journalen drei teilalbinotische Exemplare an, deren Aussehen im großen und ganzen doch mehr zur Normalform neigt. Hofer (1962b) nennt noch ein auf dem Sempachersee aufgewachsenes Albino, von dem jedoch — da es lediglich auf dem Wasser beobachtet wurde — eine exakte Beschreibung aussteht.

3.4. Körpermaße

Die Spannweite (Flugbreite) der Männchen beträgt nach Naumann (1905) bis 860 mm, die der Weibchen zwischen 730 und 755 mm. Die Flügellänge wird bei einer Gegenüberstellung oder bei Untersuchungen der individuellen und der geographischen Variabilität am häufigsten verwendet.

Bauer und Glutz (1966) geben folgende Maße an:

Männchen		Weibchen	
10 deutsche	188—198 mm (∅ 192 mm)	5 deutsche	180—189 mm (∅ 182 mm)
14 böhmische	175—204 mm (∅ 192 mm)	8 böhmische	172—190 mm (∅ 178 mm)
11 schweizer	185—209 mm (∅ 196 mm)	6 schweizer	184—191 mm (∅ 187,5 mm)

Das Gewicht beträgt nach denselben Autoren:

Männchen		Weibchen	
5 böhmische	1300—1400 g	5 böhmische	900—1125 g
4 schweizer	928—1370 g	3 schweizer	787—1180 g

Die Gewichtsmaße unterliegen je nach Jahreszeit und Nahrungsangebot sehr großen Schwankungen, so daß sie wohl kaum zu exakten Untersuchungen bei der Kennzeichnung geographischer oder sexueller Variationsbreiten herangezogen werden können. Das zeigen eindrucksvoll die in dem äußerst strengen Winter 1955/56 in den Leipziger Zoo lebend eingelieferten Haubentaucher. Ein Männchen wog 820 g, zwei Weibchen 525 bzw. 520 g. Alle drei starben nach einiger Zeit. Dagegen konnten zwei Haubentaucher (sex.?), die 1250 g bzw. 1300 g wogen, den Winter im Zoo überstehen und Ende März 1956 wieder ausgesetzt werden (D i t t r i c h 1958).

4. Mauser

Die Mauser vom Dunenkleid ins Jugendkleid geht unmerklich und sehr langsam vonstatten. Sie setzt, je nach Schlupfdatum, im Juli oder August, bei Spätbruten entsprechend verzögert, ein. Die Dunen bleiben auf den nachfolgenden ersten Konturenfedern sitzen und werden nach und nach abgenutzt. Gelegentlich können Dunenfedern an Kopf und Hals noch im Dezember haften. Die Jugendmauser erfaßt — außer den Schwungfedern — das gesamte Gefieder.

Die Ruhe- oder Wintermauser beginnt beim Haubentaucher etwas später als bei Rothals- und Zwergtaucher (W o b u s 1964a, B a n d o r f 1970) und dauert gewöhnlich von Februar bis in den Mai hinein. Es handelt sich dabei um eine Teilmauser, bei der das gesamte Kleingefieder, die Steuerfedern, die innersten Armschwingen und die innersten großen Deckfedern gewechselt werden (B a u e r und G l u t z 1966).

Im Juli beginnt gewöhnlich die Brut- oder Sommermauser der adulten Vögel. Diesmal wird bis in den Winter hinein das gesamte Gefieder erneuert. Noch am Brutplatz, zwischen August und Oktober, werden die Schwingen und die Flügeldecken sehr rasch und gleichzeitig gewechselt. Dies war schon J. F. N a u m a n n (1838) bekannt. S t r e s e m a n n (1966) zitiert ihn: „Die Hauptmauser dieser Art erfolgt gegen Ende des Juli und im August. Weil die Schwungfedern, die sich nur in dieser Mauser erneuern, fast alle zur gleichen Zeit ausfallen und die neuen sehr langsam nachwachsen, so können diese Vögel fast einen Monat lang gar nicht fliegen; sie halten sich währenddem meistens so fern wie möglich vom Ufer auf dem freien Wasserspiegel auf und ihr einziges Rettungsmittel in Gefahr bleibt ihnen in diesem Zustand das Tauchen.“ Sie sind zu Beginn der Schwingenmauser noch im vollen Prachtkleid. Erst nachdem die Flugfedern ein Drittel ihrer Länge erreicht haben, setzt die lebhafte Mauser des Kleingefieders ins Schlichtkleid ein. Die Kleingefiedermauser zieht sich bis in den Dezember hinein und wird vielfach erst im weit entfernten Winterquartier abgeschlossen.

Die Mauser des Kleingefieders dauert beim einzelnen Haubentaucher nicht nur sehr lange, sondern sie setzt bei den verschiedenen Individuen auch zu unterschiedlichen Zeiten ein. Außer in den Monaten Mai bis Juli können alle möglichen Stadien zwischen Pracht- und Schlichtkleid beobachtet werden. Die Tabelle (aus B e r n d t, MS) gibt einen Überblick über den Verlauf (n = 842).

Ob es beim Bauchgefieder überhaupt einen Mauserabschluß gibt, muß fraglich bleiben, da die Taucher durch ihr charakteristisches Federfressen

Färbung im Jahresverlauf

Monat	II			III			IV			VIII			IX			X			XI			XII
Dekade	1	2	3	1	2	3	1	2	3	1	2	3	1	2	3	1	2	3	1	2	3	1
	*	*	*															*	*	*	*	*
	*	*	*	*	*										*	*	*	*	*	*	*	*
Sk	*	*	*	*	*	*	*					*	*	*	*	*	*	*	*	*	*	*
					*											*	*					
			*	*	*	*							*	*	*	*	*	*				
Uf	*	*	*	*	*	*	*	*		*	*	*	*	*	*	*	*	*	*	*	*	
						*	*	*	*	*	*	*										
				*	*	*	*	*	*	*	*	*	*	*								
Pk		*	*	*	*	*	*	*	*	*	*	*	*	*	*	*	*	*				

Sk = Schlichtkleid, Uf = Umfärbung, Pk = Prachtkleid
*** Anteil über 50%, ** Anteil 10–50%, * Anteil unter 10%

sich während des ganzen Jahres solche Federn selbst ausrupfen, „so reproduzieren sie sich auch immerwährend; die Brusthaut ist daher niemals rein von Stoppeln oder aufkeimenden und nachwachsenden Federn jeden Alters“ (Naumann 1905).

Die Mauser des Großgefieders und der Flügeldecken erfolgt, wie aus dem Voranstehenden zu ersehen ist, im allgemeinen auf den Brutgewässern. Deshalb überrascht die Entdeckung eines Mauserplatzes auf dem Selenter See durch Jacoby (nach Berndt, MS). Drenkhahn unterrichtete Berndt (MS) brieflich über die Mengen der vor dem Selenter Badestrand mausernden Haubentaucher. In der zweiten Augustdekade sammeln sich dort innerhalb weniger Tage über tausend Exemplare. Als Höchstzahl wurden am 7. 9. 1971 1450 Stück beobachtet! Der immer kleiner werdende Verband hielt noch mindestens bis zum 13. 11. 1971 (55 Exemplare) zusammen. Berndt (MS) vermutet, daß es sich hierbei nur zum Teil um einheimische Taucher handelt.

5. Körperbau und Fortbewegungsweisen

Heinroth (1928) nennt die Taucher eine sehr alte Gruppe, „die schon lange ihren eigenen Weg gegangen, um nicht zu sagen geschwommen oder gar getaucht ist, denn sie hat wenig Anklänge an andere wasserbewohnende Vögel“.

Die Haubentaucher besitzen — wie auch alle anderen Arten der Familie — eine hervorragende Anpassung ihres gesamten Körpers an das Wasser- und noch mehr an das Unterwasserleben.

5.1. Das Schwimmen

Der flache, breite Körper gewährleistet an der Wasseroberfläche eine außergewöhnlich stabile Lage, die durch das Tief-im-Wasser-liegen noch verstärkt wird. Das von Stolpe (1932) ermittelte hohe spezifische Gewicht von 0,91 — ohne Federn und ohne Haut sind die Haubentaucher schwerer als Wasser! — gestattet ihnen eine wenig kraftaufwendige, rasche Änderung des Tiefgangs.

Die normale Fortbewegungsgeschwindigkeit an der Wasseroberfläche beträgt 4—7 km/h (Bauer und Glutz 1966). Unter Wasser erreichen sie höhere Geschwindigkeiten, da durch die veränderten Bewegungsweisen der Beine wesentlich größere Kräfte entwickelt werden können. Der größere oder geringere Auftrieb hängt hauptsächlich von der unter den Federn enthaltenen Luftmenge ab. Bei Erregung werden — wie bei anderen Vogelarten auch — die Federn dicht an den Körper gelegt, wodurch der Vogel spezifisch schwerer wird und dadurch tiefer sinkt.

5.2. Das Tauchen

Diese Fortbewegungsart, die diesen Vögeln ja überhaupt zum Namen verholfen hat, nimmt in ihrem Leben einen beträchtlichen Raum ein und drückt sich in speziellen Verhaltensweisen aus. Sie „tauchen nach Nahrung und Nistmaterial, bei Angriff und Flucht, während der Balz und zur schnellen Überwindung kürzerer Strecken" (Wobus 1964a).

Frank und Neu (1929) beschrieben die Phasen des Tauchens von Schwarzhals- und Zwergtaucher. Diese Darlegungen können ohne Abänderung auf den Haubentaucher übertragen werden, nur mit dem ergänzenden Zusatz, daß das Unter-Wasser-gehen mit wesentlich größerer Eleganz als bei den kleineren Arten geschieht. Die Füße werden mit gespreizten Lappen flach an den Körper gelegt. Durch Anpressen der Federn an den Körper sinkt der Körper schon tiefer. Anschließend stößt er blitzschnell und geradlinig den Kopf schräg nach vorn unten und verschwindet nach heftigem, nach hinten geführtem Beinstoß geräuschlos unter Wasser. Bei den kleineren Tauchern begleitet das Wegtauchen ein plätscherndes Geräusch. Die Fortbewegung unter Wasser geschieht stets mit beiden gleichzeitig nach hinten gedrückten Beinen. Bei starker Strömung und raschen Wendungen werden gelegentlich die Flügel zu Hilfe genommen. Bei verwundeten Altvögeln und bei Dunenjungen ist das die Regel.

Alle Vogelarten mit einer derartigen Bewegungsweise zeigen einiges Gemeinsame im Bauplan der hinteren Extremitäten: ein schmales Becken und lange Unterschenkel. Diese anatomischen Spezialbildungen bieten folgende Vorteile:

1. Die Schwimmflächen können unter oder hinter dem Körper stark genähert werden und eine gemeinsame Wirkung entfalten. Sie erzeugen

Abb. 3. Reproduktion aus Naumann (1905). Links altes Männchen, Mitte altes Weibchen, rechts hinten Jungvogel, rechts vorn Junges im Dunenkleid. Man beachte die geringen Geschlechtsunterschiede bereits auf dieser idealisierten Abbildung. Aufn. M. Melde

Abb. 4. Biotop — ein Teich mit großer freier Wasserfläche und einem uferbegleitenden Schilfgürtel. Heute ist auch dieser Biotop durch Melioration vernichtet. Aufn. M. Melde

Abb. 5. Teich mit umfangreichem Vegetationsgürtel, der nur in der wasserseitigen Zone zum Brüten genutzt werden kann. Aufn. M. Melde

Abb. 6. Teich mit abwechselnd schmalen, dichten bzw. lückigen Pflanzenbeständen; ein gern benutzter Biotop. Aufn. M. Melde

Abb. 7. Nest mit spärlichem Pflanzenbestand. Aufn. M. Melde

Abb. 8. Nest in dichtem Pflanzenbestand, Gelege bedeckt. Aufn. M. Melde

Abb. 9. völlig freistehendes Nest, knapp 1 m vom Ufer einer Insel entfernt. Aufn. M. Melde

Abb. 10. Selten bilden 7 Eier das Gelege. Aufn. M. Melde

Abb. 11. Vor dem Aufsprung taucht der Vorderkörper unter Wasser, dann wird der Hals zum Schwungholen zurückgenommen. Aufn. M. Melde

Abb. 12. Mit einem Satz springt er auf den Nestrand. Das am Gefieder haftende Wasser tropft auf Nest und Gelege. Aufn. M. Melde

Abb. 13. Mit raschen Bewegungen wird das Pflanzenmaterial vom Gelege weggezupft. Aufn. M. Melde

Abb. 14. Nach kurzem Niederlassen auf das Gelege zieht das brütende Exemplar Pflanzenmaterial dicht an den Körper heran. Aufn. M. Melde

Abb. 15. Bei Gefahr geht der brütende Vogel in geduckter Haltung vom Nest. Aufn. M. Melde

Abb. 16. Beim Abgang hält er nur den Kopf über Wasser, Hals und Brust tauchen bereits unter, während die Beine den restlichen Körper vom Nestrand schieben. Aufn. M. Melde

Abb. 17. Brütender, aufmerksam sichernder Haubentaucher. Aufn. M. Melde

Abb. 18. Der Partner kommt zur Brutablösung herangeschwommen. Die Haltung des brütenden Tauchers zeigt, daß sich ein Junges im Gefieder befindet. Aufn. M. Melde

hinter dem schwimmenden Vogel durch seitliches Zusammenschlagen einen größeren Staudruck. Außerdem sollen besonders günstige Stromrichtungen erzielt werden, die eine Gegenströmung gegen größere Teile des Körpers vermeiden (H e i n r o t h 1928).

2. Die „starke Verlängerung des Unterschenkels hat nicht nur zur Folge, daß das Intertarsalgelenk bei nach hinten gestrecktem Bein in die Gegend des kaudalen Körperendes zu liegen kommt und die Füße auch hinter dem Körper rudern können, sondern sie bedingt auch, daß die Streck- und Beugemuskeln des Fußes eine größere Faserlänge und eine größere Ansatzfläche gewinnen. ... Gemeinsam ist diesen Fußtauchern weiterhin, daß die Tibia vor Ausführung einer ergiebigen Rotation um die Fibula eingerichtet und die Fibula daher sehr lang ist; gemeinsam ist ihnen endlich die starke seitliche Kompression des Laufes, damit dieser beim Vorführen des Beines möglichst wenig Widerstand im Wasser findet“ (S t r e s e m a n n 1934).

Im einzelnen bestehen allerdings große Unterschiede im Bau des Bewegungsapparats in der großen Gruppe der „Fußtaucher“. Beim Unterwasserrudern werden die Beine also gegrätscht an den Bauchseiten nach

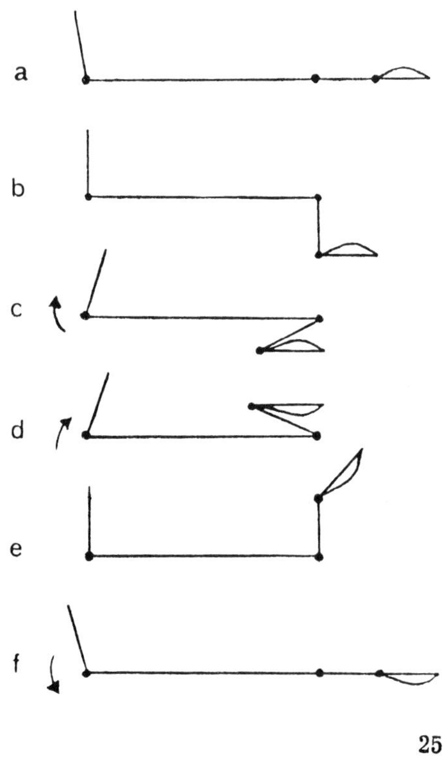

Abb. 19. Bewegungsablaufphasen der Füße bei Rückstoß. Aus S t o l p e 1932

hinten innen zusammengeschlagen, ganz im Gegensatz zu den Kormoranen, die ihre Beine parallel unter dem Körper nach hinten schlagen.

Die Höhen- und Tiefensteuerung erfolgt nur durch Veränderung der Kraft — stärkere oder schwächere Ruderschläge — oder (und) durch Veränderung des virtuellen Hebelarms (Heben und Senken des Intertarsalgelenks). Das Zusammenschlagen der Läufe erfolgt stets oberhalb des Schwerpunkts. Dies erfordert einen — bei allen „Grätschern" vorzufindenden — unbedeutenden Schwanz, der hier eben zuungunsten des Fliegens in Kauf genommen werden muß. Das Vorbringen der Beine dagegen geschieht unterhalb des Schwerpunkts. Diese Bewegungsweise unterstützt die Steuerbewegungen unter Wasser.

Den Ablauf der einzelnen Rückstoßphasen (Abb. 19) beschreiben Frank und Neu (1929) (zitiert bei Stolpe 1932) wie folgt:

1. Der ausgestreckte Fuß wird mit zusammengelegten Fußlappen unterhalb des Schwerpunkts angezogen.
2. Der an den Körper gelegte Fuß wird nun im Kniegelenk um annähernd 90° nach oben gedreht.
3. Der Fuß wird mit gespreizten Fußlappen oberhalb des Schwerpunkts rückwärts geschlagen.
4. In dieser Stellung erfolgt wieder die Rückdrehung im Kniegelenk um die bei 2. erwähnten 90° in die ursprüngliche Lage.

Die Tauchdauer wird allgemein stark überschätzt. Meist bleiben die Vögel nur wenige bis etwa 30 Sek. unter Wasser. Tauchdauern, die sich der 60-Sek.-Grenze nähern, zählen zu den Seltenheiten. Maihoff (in Groebbels 1932) gibt als Tauchdauer 12—27 Sek. an. Groebbels (1932) selbst ermittelte bei 30 Zeitmessungen Tauchdauern zwischen 18 und 50 Sek., über 40 Sek. allerdings nur dreimal. Halbwüchsige tauchen nach denselben Autoren und nach eigenen Beobachtungen nur 8—12 Sek. Bauer und Glutz (1966) nennen als mittlere Tauchdauer 25 Sek. (12—56 Sek.).

Onno (1958) sammelte am Porkuni-See (Estnische SSR) unter anderem auch statistisches Material über das Verhältnis zwischen Tauchdauer- und Tauchpausenlänge. Wie die Abb. 20 zeigt, sind die Tauchpausen während der Tauchserien im allgemeinen kürzer als die Tauchdauern. Mit anderen Worten, die Taucher benötigen jeweils eine geringere „Erholungszeit" als die „Arbeitszeit" während des Tauchens beträgt. Am häufigsten werden Tauchpausen von einer Dauer zwischen 5 und 10 Sek. eingelegt. Die meisten Tauchdauern hingegen liegen zwischen 16 und 23 Sek.

Die Tauchdauer hängt auch von der Jahreszeit (Nahrungsangebot und Erbeutungsmöglichkeit!) ab. Suetens (1960) gibt als mittlere Tauchdauer im Mai bis Juli 26,11 Sek. an, für Dezember nennt er aber 33,40 Sek. Vergleiche mit der Tauchdauer des viel kleineren Zwergtauchers finden sich bei Bandorf (1970) und des geringfügig kleineren Rothalstauchers bei Wobus (1964a).

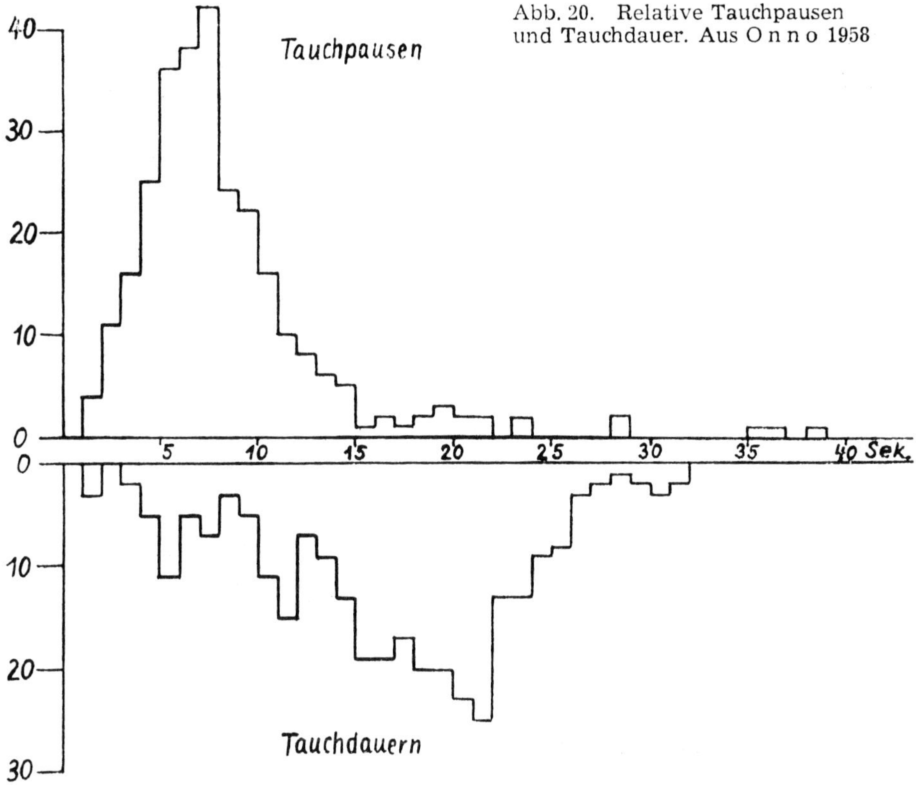

Abb. 20. Relative Tauchpausen und Tauchdauer. Aus O n n o 1958

Die größten Tauchtiefen, die in den meisten Seen des Flachlands und in den künstlich angelegten Fischteichen gar nicht erreicht werden können, sind erstaunlich und übertreffen die der anderen Lappentaucher beträchtlich. In den relativ tiefen Schweizer Seen können Tauchtiefen gut durch an Setzangeln bzw. in ausgelegten Schwebenetzen gefangenen — und ertrunkenen — Tauchern nachgewiesen werden. H o f e r (1963) nennt Tauchtiefen bis 25 m normal. Dabei scheint die Sichttiefe keinen Einfluß auf die Tauchtiefe auszuüben (H o f e r 1969a). Dieser Autor ermittelte folgende Tauchtiefen:

Tauchtiefen	Männchen	Weibchen	sex.?
bis 10 m	22	16	3
11 — 20 m	42	12	2
21 — 30 m	29	15	3
31 — 40 m	2	6	—
über 40 m (41 m)	1	—	—

Im Sommer tauchen sie weniger tief als im Winter. Dieses Tiefertauchen im Winter hängt aber wahrscheinlich nicht mit der Nahrungssuche zusammen, es sei denn, die Taucher träfen eine Auswahl unter den Arten der Beutetiere. Nach Hofer (1969a) besteht z. B. im Baldeggersee (Schweiz) kein Zwang, die Nahrung in so großer Tiefe zu suchen. In diesem See wurden die Netze so tief ausgelegt, um den in den oberen Seeschichten in Massen (!) vorkommenden Rotaugen auszuweichen und die sich in größerer Wassertiefe aufhaltenden wertvolleren Fische zu fangen.

Studnitz (1928) beobachtete, daß ein Haubentaucher bei starkem Wellengang seinen Körper stets parallel zu den heranrollenden Wogen drehte, ehe er tauchte. In diesem Zusammenhang warf er die Frage auf, ob den Tauchern das Tauchen und das Unterwasserschwimmen dicht unter der Wasseroberfläche Schwierigkeiten macht, wenn sie von hinten geschoben oder gehoben werden. Um dies zu klären, müssen weitere diesbezügliche Beobachtungen abgewartet werden.

5.3. Der Flug

Die hochspezialisierte Anpassung an das Wasserleben birgt Nachteile für die Fortbewegung in der Luft — und auf dem Land — in sich. Das drückt sich schon darin aus, daß der Haubentaucher sich nur ungern vom Wasser in die Luft erhebt oder feste Unterlagen betritt. Um zu starten, benötigen diese Vögel mit ihrem relativ sehr schwerem Körper eine längere Anlaufstrecke. Diese braucht in Gefangenschaft nur etwa 8 m zu betragen (Dittrich 1958), während auf Gewässern unter natürlichen Verhältnissen etwa 30 m normal sind.

Das Fehlen eines zum Steuern nutzbaren Schwanzes bedingt eine geringe Manövrierfähigkeit in der Luft. Daraus resultiert ein pfeilgerader Flug. Die im Verhältnis kleine Flügelfläche erfordert einen raschen Flügelschlag (etwa 360—400 Schwingenschläge in der Minute). Die geflogenen Kurven beschreiben daher einen beträchtlichen Bogen. Die kleine Flügelfläche und das Fehlen des Schwanzes erlauben kein Abbremsen vor dem Wassern und ermöglichen daher auch keine exakte Ziellandung in einem engbegrenzten Gebiet. Beim Niedergehen durchfurchen zuerst die vorgestreckten Füße das Wasser, dann tauchen kurz hintereinander Körperende, Brust und Bauch ein.

5.4. Fortbewegung auf dem Land

Auf festem Untergrund bewegt sich der Haubentaucher sehr unbeholfen. Das kann man schon sehen, wenn er aufs Nest geht und umständlich in die Nestmulde tritt. Kurze Entfernungen werden mit steilaufgerichtetem Körper in kleinen, trippelnden Schritten zurückgelegt. Dittrich (1958) sah, daß gefangengehaltene Haubentaucher sich am Uferrand hoch aufrichteten und eine kleine Erhöhung von 5 cm mit beiden Beinen gleichzeitig hopsend überwanden. Auch auf dem Land sah er sie mehrfach froschartig hopsen. Kleinste Entfernungen werden rutschend überwunden.

6. Gefieder- und Körperpflege

Ein fast ausschließliches Wasserleben, wie es die Haubentaucher führen, erfordert zum Aufrechterhalten der Funktionstüchtigkeit des Federkleids eine besonders ausgiebige und sorgfältige Gefiederpflege. Sie nimmt daher einen beträchtlichen Teil der Lebensäußerungen im Tagesablauf der Taucher ein, wie Wobus (1964a) schon vom Rothalstaucher schreibt, „wenn sie ‚gerade nichts Besseres zu tun haben'". Wie bei allen Vögeln wird das Fett der Bürzeldrüse mit dem Schnabel abgenommen und überall dort im Gefieder verstrichen, wo der Vogel mit dem Schnabel hinkommt. Die restlichen Teile, vor allem Kopf und Hinterhals, werden durch eifriges Reiben auf dem Rücken mit Fett versorgt. Doch soll, wie Wobus (1964a) ausführt, entgegen der oben angeführten Ansicht des Gefiedereinfettens, das Bürzeldrüsensekret nur dazu dienen, „das Keratin der Feder geschmeidig zu erhalten und dadurch die funktionsgerechte Lagerung des gesamten Gefüges zu sichern" (Zitat nach Rutschke 1960). Die Wasserfestigkeit des Tauchergefieders soll mehr durch eine „poröse Oberfläche" — vergleichbar mit einem engmaschigen Sieb — bedingt sein (Wobus 1964a).

Das Putzen, das in der Regel gleichzeitig mit dem Verstreichen des Bürzeldrüsensekrets erfolgt, dient, worauf schon Bandorf (1970) hinweist, weniger dem Entfernen von Fremdkörpern aus dem Gefieder als vielmehr dem Ordnen des Gefieders.

Die einzelnen Putzvorgänge erfolgen beim Haubentaucher genau so, wie sie Wobus (1964a) für den Rothalstaucher darstellt:

1. Das Stochern — Der leicht geöffnete Schnabel wird in rascher Folge in das Gefieder gestoßen.
2. Das Knabbern — „eine in den Schnabel genommene Feder wird mit sehr schnellen, kleinen Schnabelbewegungen durchgeknabbert".
3. Das Wischen — „eine Feder wird mit schneller Seitwärtsbewegung des Schnabels durch diesen gezogen".

Haubentaucher putzen sich meist im Schwimmen, in Gefangenschaft gleich häufig auf dem Land (Dittrich 1958).

Beim Putzen der Unterseite wird der Körper um etwa 90° in seiner Längsachse gedreht, ohne die Gleichgewichtslage von Hals und Kopf zu ändern. Dabei leuchtet das Weiß des Unterkörpers weit über das Gewässer, und nicht nur einmal erkannte ich nur mit Hilfe des Fernglases, daß es sich „nur" um einen Haubentaucher handelte und nicht um eine verflogene „seltene" Schwimmvogelart! Gelegentlich konnte Dittrich

(1958) an gefangengehaltenen Haubentauchern ein bisher noch nicht beschriebenes Verhalten beobachten: Nach dem Putzen an Land wurden die angelegten Flügel eine Viertelstunde auf dem Rücken hin und her gerieben. Diesen Bewegungen soll eine offenbar einmassierende Wirkung zukommen.

Bei einem Haubentaucher beobachtete Dittrich (1958) folgenden Putzrhythmus: Es begann zunächst mit heftigem Flügelschlagen ins Wasser, das sich allmählich zu enormer Heftigkeit und Schnelligkeit steigerte. Dann warf er plötzlich den Kopf hoch, „streckte den Hals und senkte den Hinterleib bis zum Flügelansatz ins Wasser". So stand er durch eine Art Wassertreten im Wasser. Kurz darauf legte er sich wieder in Normallage aufs Wasser und putzte sich. Dies wiederholte sich nach einigen Minuten in gleicher Reihenfolge mehrere Male.

Dittrich (1958) fand auch, daß das Putzen auf Artgenossen zur Nachahmung anregend wirkte.

Das Kratzen am Kopf, also dort, wo der Taucher mit dem Schnabel nicht hinkommt, erfolgt ausschließlich im Wasser. Entsprechend seines Körperbaus erfolgt es „vornherum".

Das Plustern erfolgt ähnlich wie beim Rothalstaucher. „Das Schwimmen wird plötzlich gestoppt, der Hals schießt schräg nach vorn oben vor, und unter einer kleinen Rückwärtsbewegung des Körpers werden alle Federn aufgerichtet. Die Brust hebt sich aus dem Wasser, der Körper wird geschüttelt und fällt auf das Wasser zurück." Es dient wohl der Entfernung von Wasser, das sich im Gefieder befindet.

Es kann als ein Kuriosum angesehen werden, daß Taucher auch „baden". Doch anders kann man diesen Vorgang nicht bezeichnen. Er ist meist mit dem Putzen gekoppelt. Der Kopf wird nach vorn in das Wasser gestoßen und hochhebend nach hinten zurückgenommen, wobei auch Wasser aufs Rückengefieder spritzt. Dann wird der Kopf auf dem Rükken gerieben. Vielfach wird auch der Vorderkörper angehoben, der Hals zurückgenommen, und die Flügel werden locker im Wasser geschlagen. Beim Vergleich der Badebewegungen des Haubentauchers mit denen des Rothalstauchers und des Zwergtauchers (Wobus 1964a und Bandorf 1970) kann große Übereinstimmung festgestellt werden.

Zur Körperpflege gehört auch das Ruhen. Die Vögel liegen dann flach auf dem Wasser, den Hals zurückgezogen, den Kopf auf den Vorderrücken gelegt und den Schnabel in das Brustgefieder gesteckt. Dittrich (1958) beobachtete die gleiche Ruhehaltung bei seinen gefangengehaltenen Haubentauchern auf dem Land. Dann beschreibt derselbe Autor noch eine eigenartige, sowohl von ihm als auch von Huxley (1914) nur je einmal gesehene Streckbewegung: Der auf dem Boden liegende Haubentaucher breitete die Flügel aus, legte den ausgestreckten Hals fast auf die Unterlage, dabei den Schnabel leicht anhebend und das Kopfgefieder sträubend. Nach mehr als einer Minute schüttelte er sich und legte sich in die normale Ruhelage zurück. Huxley (1914) hielt dies für Sonnen. Im Leipziger Zoo, wo diese Beobachtung von Dittrich (1958) gemacht wurde, war der Taucher keiner Sonnenausstrahlung ausgesetzt. Eine Deutung steht also noch aus.

Die größte Aktivität der Haubentaucher beobachtet man am frühen Morgen und in den Nachmittagsstunden.

7. Lautäußerungen

Wir hören von dieser Art bei weitem nicht so häufig Stimmäußerungen wie vom Rothalstaucher oder gar vom Zwergtaucher. Nur den Schwarzhalstaucher kenne ich als einen noch weniger ruffreudigen Vogel.

Obwohl man außerhalb der Balz- und Brutzeit kaum einen Ton vom Haubentaucher vernimmt, versetzt uns doch die Zahl der verschiedenartigen Laute in Erstaunen, und ich glaube, daß mit ihrer Aufzählung und Besprechung der ganze Umfang der Rufe noch nicht erschöpft ist.

7.1. Rufe der Jungen

Schlupflaut. Bereits die noch in den Eiern befindlichen, fast schlupfreifen Jungen geben in kurzen Abständen leise, aber noch in 6 bis 10 m Entfernung deutlich vernehmbare piepsende Laute von sich, die etwa wie *„jib“* klingen. Zu diesem Zeitpunkt zeigen die Eischalen noch keine Sprünge. Bis zum Schlüpfen vergehen dann noch ein (eigene Beobachtungen) bis zwei Tage (Heinroth 1922, Hick 1963). Diese „Ankündigungsrufe“ bewirken bei den Altvögeln wohl eine Umstimmung des Triebverhaltens: Vorbereitung auf das Hudern und Füttern, sie veranlassen die Alten gleichzeitig auch zum Weiterbrüten auf dem Restgelege. Dieses Signal zur Fortsetzung des Brütens erweist sich vor allem dann als für die Arterhaltung notwendig, wenn das erste Junge geschlüpft ist und dadurch der Bruttrieb von den nachfolgenden Triebhandlungen, wie Führungs- und Futtertrieb, mehr und mehr unterdrückt wird. Sobald sich ein Altvogel mit seinem — oder seinen — im Rückengefieder sitzenden Jungen vom Nest entfernt, locken ihn die aus einem Ei ertönenden Rufe wieder zur Niststätte zurück. Welch ungeheure Zugkraft dieses zarte Piepsen auf die Eltern ausübt, kann nur der ermessen, der schon an Haubentauchernestern angesessen hat und dann vergleichen kann zwischen Haubentauchern, die ohne diesen Anlaß zum Brüten zurückkehren, und solchen, die durch diese Laute förmlich zurückgezogen werden.

Stimmfühlungslaut. Der Schlupflaut bleibt vorerst noch bestimmender Laut, ändert sich aber nach wenigen Tagen und wird zum zweisilbigen *„Bibi“*, das mit Älterwerden des Jungen immer häufiger in Rufreihen *(„bibi — bibi — bibi“)* ausgestoßen wird und in manchen Zeiten fast ohne Unterbrechungen ertönt, vor allem dann, wenn sie den schnellschwimmenden Eltern nicht mehr ganz folgen können. Diese Laute gehen dann oft in den Bettelruf über.

Bettelruf (Hungerruf). Die Jungen kommen aus dem Rückengefieder des noch brütenden Weibchens (oder Männchens) mit zweisilbigem *„bi'e — bi'e — bi'e"* zum Nestrand gerutscht, wenn sich ein Elternteil lockend mit Futter nähert.

Sobald die Jungen ihren Eltern während der Nahrungssuche selbständig folgen, schwimmen sie den mit Beute auf sie zukommenden Altvögeln mit scharfem, deutlich abgesetztem, fast pausenlos erschallendem *„pi'e — pi'e — pi'e"* entgegen. Diesen Ruf hört man noch selbst nach dem Flüggewerden bis zur endgültigen Familienauflösung.

7.2. Rufe der Altvögel

Wobus (1964a) bemängelt in seinen einleitenden Worten über die Stimmäußerungen zu recht die Darstellung tierischer Rufe durch Lautumschreibungen. Ein Blick in Bestimmungsbücher verschiedener Autoren, die auch Lautumschreibungen enthalten, gibt ihm recht. Jeder Beobachter unterlegt den stimmlichen Äußerungen andere, wenn auch ähnliche Vokale oder Konsonanten. Einige Haubentaucherrufe zeigen geringe Ähnlichkeit mit solchen von Rothalstauchern. Zwergtaucherstimmen gegenüber sind sie völlig wesensfremd.

Vermutlich können, wie bei allen Taucherarten, sämtliche Rufe von beiden Geschlechtern hervorgebracht werden. Die funktionelle Zuordnung wurde, sofern nicht anders vermerkt, von mir vorgenommen.

Balzlaute. Schon gleich nach der Ankunft, bevor die eigentlichen Balzhandlungen einsetzen, kann man vor allem abends (nachts) und morgens, besonders bei klarem, windstillem Wetter, ein weithin hörbares Wechselrufen von Partnern hören: *„kraorrr"* (Männchen) — *„kruorrr"* (Weibchen, es soll in höherem Tone antworten, Naumann 1905). In der Dämmerung erschallt dieser Wechselgesang manchmal viertelstundenlang. Für den Naturfreund klingt das durchaus anheimelnd, auf ängstliche Gemüter kann es bedrückend wirken.

Bei Annäherung zur eigentlichen Balzhandlung geben sie in Abständen laute *„äö — äö"* von sich (Moll 1955). Eine Rufserie wird von vielen Autoren übereinstimmend dem Balzzeremoniell zugeschrieben. Es ist das harte *„Kröck-kröck-kröck-kröck"* (Friderich 1891 *„köckköckköckköck"*, Naumann 1905 *„köck, köck, köck, köck"*, Moll 1955 *„tög, tög, tög"*, Bauer und Glutz 1966 *„k'p"* oder *„t'k"* – mit undeutlichem vokalen Oberton, Makatsch 1969 *„gröck gröck"*). Mit steigender Erregung nimmt die Rufintensität zu, um bei Nachlassen der speziellen Balzhandlung in wesentlich kürzerer Zeit langsamer werdend wieder abzuklingen und endlich ganz plötzlich ganz zu verstummen (siehe Kap. 12.2.!). Die Partner „stehen“ dann meist Brust an Brust gegenüber.

Moll (1955) hörte vom Männchen, das mit gesträubten Kopffedern hinter dem Weibchen auf der Paarungsplattform lag, vor der Kopulation gedehnte *„aöööö, aöööö, aöööö“*.

Stimmfühlungslaute der Altvögel. Die *„Kröck“*-Rufe werden in abgewandelter Form von beiden Partnern während verschiedener Tätigkeiten im Nistbezirk einzeln oder zu wenigen aneinandergereiht in Abständen und bei geringerer Lautstärke (geringere Erregung!) zur Aufrechterhaltung der Verbindung — des Paarzusammenhalts — benutzt.

Während des Brütens hörte ich verschiedentlich Laute, die ebenfalls von beiden im Wechsel hervorgebracht werden und deshalb wohl auch zu den Stimmfühlungslauten gezählt werden müssen. Das in Nestnähe umherschwimmende Ex. — vermutlich das Männchen — rief in unregelmäßigen Abständen wenige bis zu 10 Doppelrufe je Rufreihe: *„örr-orr, örr-orr“*, worauf das brütende Ex. jedesmal mit leiserem *„örr“* antwortete, ohne eine besondere Stellung einzunehmen.

Warnrufe. Einigen Rufen, die sich jedoch alle auf das knarrende *„arr“* zurückführen lassen, möchte ich Warnfunktion zuschreiben. Sie wurden immer dann ausgestoßen, wenn die Vögel infolge Störungen durch Menschen (Annäherung des Beobachters ans Nest!) vom Nest schwammen oder zur Nestnähe zurückkehrten, aber dennoch beunruhigt in respektvollem Abstand hin und her schwammen. In solchen Situationen notierte ich folgende Stimmäußerungen:

beide Partner *„o'karr, o'karr“* oder auch nur *„koarr, koarr“* (das *„o“* sehr kurz und nasal);

Weibchen längere Zeit *„kröckröckröck — koarr, koarr“*;

ein vom Nest schnell wegschwimmendes Ex. (Geschlecht?) *„kärr — krrä — krrä — krrä“*, einige Zeit später nach abermaligem raschem Wegschwimmen aber *„kroa — kroa — orrr“*;

die Jungen warnend mehrmalige langgezogene stöhnende *„äääää“* (nasal zwischen ä und ö), dann noch ebenso stöhnende *„ööööö — kröck-kröck-kröck — ööööö“* (beide Rufe unter anderem von einem Ex. verhört).

Klagelaut. Ein von einem in seinem Brutgebiet befindlichen Männchen ins Kopfgefieder gebissener Eindringling klagte stöhnend nasal *„gaaaa — gaaaa — gaaaa“*, bis der Revierverteidiger ihn aus dem Revier hinausgedrängt hatte und losließ.

Drohlaute. Nachbarpaaren oder eingedrungenen Einzeltieren wird, das ist individuell sehr verschieden, mit abgewandeltem kurzen *„köck —*

köck" (Bauer und Glutz 1966) gedroht. Ich beobachtete Männchen, die Fremdlinge unter anhaltendem „*arr-rroa — arr-rroa*" aus dem Revier vertrieben.

Lockrufe — Fütterungsrufe für die Jungen. Am Nest schwimmende Altvögel hielten wenige Stunden alten Jungen Futter mit knurrendem „*krr, krr*" vor, ohne daß die Jungen darauf reagierten.

Sobald die Jungen auf dem Rücken eines Elternteils sitzend aber einmal Futter annahmen, änderte sich die Stimme des Altvogels und wurde zu gereihtem, gutturalem „*G(o)a — g(o)a — g(o)a*". Diese Futterbringrufe sind so lange zu hören, wie den Jungen Nahrung angeboten wird.

„Anzeige"- oder „Ankündigungs"-ruf. Simmons (1954) nennt einen, wie seinen Angaben zu entnehmen ist, in der Literatur bisher noch nicht erwähnten „Ankündigungs"-ruf (advertising) und beschreibt ihn als kehliges, metallisch klingendes „*Grr-owp*", ausgeführt in einer Stellung, in der der Hals dick erscheint. Dieser Ruf soll vom Herbst bis zur Brutzeit von einzelnen Vögeln — eventuell nur Weibchen — zu hören sein, die sich nach einem Geschlechtspartner sehnen. Er soll auch von Weibchen ausgestoßen werden, wenn sie einmal allein im Territorium sind. Gepaarte Vögel hören zu rufen auf, wenn sie wieder mit einem Partner Verbindung haben. Es sollen dann oft Balzspiele folgen. Der Ruf ist unter guten Bedingungen 500 Yards (etwa 450 m) weit zu hören.

In der Literatur werden noch weitere Lautäußerungen beschrieben, die ich noch nicht gehört habe oder denen ich andere Lautumschreibungen gebe! Eine spezielle Funktion wird ihnen nicht zugeordnet. Bauer und Glutz (1966) beschreiben noch ein mehrfach wiederholtes, leicht ansteigendes, trompetendes zweiteiliges „*Äh*" oder „*Äw*", gefolgt von einem im Ton stark fallenden „*Kwää — ää — äh*". Auf die erstgenannte Rufreihe folgt oft ein Geräusch, das einem laufenden Zahnbohrer ähnelt. Das von Peterson (1956) beschriebene schrille „*Ör-huick*" erscheint mir völlig fremd, ich vermag es nirgends einzuordnen.

8. Nahrungserwerb und Nahrung

Die weitgehende Spezialisierung des Körpers und seiner Bewegungsweisen läßt auch einen entsprechenden Nahrungserwerb erwarten, nämlich den Unterwasserfang, der die Hauptform des Beuteerwerbs darstellt.

Bandorf (1970) stellt vier verschiedene Arten der Nahrungssuche auf, die schon bei Wobus (1964a) bei der Darstellung des Nahrungserwerbs des Rothalstauchers anklingen:

„Typ 1: tauchen unter Wasser;

Abb. 21. Haubentaucher bei der Nahrungssuche, Typ 2

Typ 2: auf dem Wasser schwimmend und nur Kopf und Vorderhals unter Wasser, sicherlich zur Überwindung der optischen Brechung durch die Wasseroberfläche (Abb. 21);

Typ 3: auf dem Wasser schwimmend und Nahrung von der Wasseroberfläche oder Pflanzenblättern, Ufermauern usw. aufnehmend;

Typ 4: auf dem Wasser rasch hin- und her schwimmend und Insekten aus der Luft pickend, dabei den Hals oft sehr lang ausgestreckt oder den Körper fast ganz im Wasser aufrichtend."

Während also Typ 1 die vorherrschende Jagdmethode darstellt, konnte ich an den Oberlausitzer Teichen vom Haubentaucher bisher nur noch Typ 3 gelegentlich beobachten. Naumann (1905) führt auch keine andere Art des Beuteerwerbs an. Simmons (1955) dagegen beschreibt auch den Typ 2, den Schmidt (1964) Wasserlugen oder Tauchspähen nennt. Auch der Typ 4 wird seltener beobachtet.

Kleine und normalgroße Beute wird meist gleich unter Wasser verschluckt. Große Nahrungsbrocken (Fische!) werden mit hochgebracht und, soweit ich es bisher beobachten konnte, mundgerecht gewendet. Der Taucher dreht die Nahrung durch ruckartige Seitwärtsbewegung des Kopfes bei gleichzeitigem Schnabelöffnen und sofortigem Wiederzufassen. Fische sah ich ihn stets so drehen, daß sie kopfvoran verschluckt werden konnten. Krebse — während der Häutung, also Butterkrebse! — wurden schwanzvoran verschlungen (Buxton 1952). Beim Tragen der Beute über Wasser halten die Haubentaucher den Hals senkrecht, den Schnabel waagerecht oder leicht nach vorn gesenkt. Bei den Schluckbewegungen schiebt der Taucher den Hals leicht vor, hält ihn aber weiter in einer Geraden. Der Schnabel wird in die Höhe gereckt, so daß er mit dem Hals beinahe eine gerade Linie bildet (Abb. 22). Das Verschlucken besonders großer Nahrung bereitet ihm sichtlich Schwierigkeiten. Man sieht nämlich gelegentlich Haubentaucher, die mit fast senkrecht gehaltenem Hals und leicht angehobenem Schnabel, aus dem noch ein Fischende ragt, unruhig (oder „nervös") aber ohne besondere Eile im Zickzack schwimmen, bis das letzte Fischschwänzchen endlich verschwunden ist.

Die Nahrungssuche erfolgt nicht unregelmäßig. Es gibt besondere Zeiten — sehr häufig morgens und abends —, in denen die Taucher in aufeinanderfolgenden Tauchserien ihre Beute suchen und sich sättigen. Das zeigt Hanzaks (in Geiger 1957) Mitteilung besonders eindrucks-

Abb. 22. Haubentaucher beim Fressen eines Fisches

voll: Er beobachtete, wie ein Haubentaucher in 3 Min. 17mal tauchte und 14 kleinere Barsche hochbrachte. Simmons (in Geiger 1957) sah ein jungeführendes Paar 2mal 20 Min. bei der Nahrungssuche zu. In den ersten 20 Min. tauchte das Männchen 31mal und fütterte 12mal, während das Weibchen nach 30maligem Tauchen nur 7mal Nahrung übergab. In den zweiten 20 Min. ging das Männchen 27mal unter Wasser und fütterte 13mal, das Weibchen übergab nach 18maligem Tauchen 8mal Beute an die Jungen.

Während der Fortpflanzungszeit wird mit dem Größerwerden der Jungen mehr und längere Zeit zur Nahrungssuche verwandt, oft ein beträchtlicher Teil des Tages. Selbst über Mittag wiebern die ewig hungrigen Jungen und regen die Altvögel zur Nahrungssuche an.

Gewöhnlich sucht jeder Haubentaucher unabhängig von seinen Artgenossen Nahrung. Um so mehr verwundern Beobachtungen, die Berndt (MS) bekanntgibt. Er bezeichnet folgendes gemeinschaftliches Jagen als „Fischzug“: Große, enggeschlossene und langgestreckte Verbände — bis 160 Ex. — jagen zum Teil mit beträchtlicher Geschwindigkeit schwimmend und tauchend stundenlang kreuz und quer hinter einem Fischschwarm her.

Derselbe Autor nennt auch noch ein „Gruppentauchen“, das vermutlich erfolgreicherem Fischfang dient. Er zitiert Drenckhahn, der auf dem Selenter See Verbände von 500—800 Tauchern „wie auf Kommando“ gemeinsam tauchen sah. Der schwerste bisher untersuchte Mageninhalt wog 39 g und stammte von einem Männchen (Naumann 1905).

In der Regel besiedelt der Haubentaucher solche Gewässer, in denen er ein entsprechendes Nahrungsangebot vorfindet. Doch sah ihn Lunau (1933) von den nur große Karpfen enthaltenden Teichen Fehmarns regelmäßig Nahrungsflüge nach der nahen Ostsee unternehmen. Unter anderem beobachtete er Taucher innerhalb kurzer Zeit 6mal mit einem Fisch im Schnabel von der Ostsee zu den Teichen zurückkehren.

Zahlreiche Magenuntersuchungen geben uns einen groben Überblick über die Zusammensetzung der Nahrung. Detaillierte Angaben sind nicht zu erhalten, da beträchtliche Teile der Beute bereits zur Unkenntlichkeit verdaut sind. Verdauversuche mit einem Gemisch von Salzsäure und Pepsin bei 41 °C zeigten nach drei bis fünf Stunden ein praktisches Auflösen kleiner Fische, der vermutlichen Hauptnahrung des Haubentauchers (Geiger 1957). Da ein Vogelmagen viel differenzierter arbeitet, muß mit noch kürzeren Verdauzeiten gerechnet werden.

Trotz der einzukalkulierenden Fehlerquote möchte ich versuchen, die Ergebnisse der bisherigen Untersuchungen zusammenzufassen.

1. Anorganische Bestandteile. Geiger (1957) fand in 44 von 107 Magen Sand, aber nur selten mehr als 1 g, bei Altvögeln mehr (in 47%) als bei Jungen (in 27% der Mägen). Mester (1958a) gibt „ausschließlich weiße Kiesel in beträchtlicher Zahl" an. Stephan (1961) fand noch Kalkgebilde. Wenngleich die meisten dieser Stoffe mehr zufällig in den Magen gekommen sind, so weist doch zumindest Mesters Angabe auf höchstwahrscheinlich aktive Aufnahme hin.

2. Pflanzliche Stoffe. Vegetabilien werden wahrscheinlich häufiger aktiv aufgenommen. Darauf deutet besonders Mesters (1958a) Mitteilung hin: überwiegend Klumpen niederer Pflanzen (Algen). Naumann (1905) nennt untergetauchte Wasserpflanzen, Stephan (1961) ein Stengelstück. Geiger (1957) fand am häufigsten Früchte bzw. Samen von Steifer Segge *(Carex elata)* und Weide *(Salix)*. Sie wurden in allerdings unbedeutenden Mengen in den Magen von 15 Haubentauchern gefunden. Recht häufig stellte derselbe Autor noch verholzte Fragmente von Schilfstengeln, in vereinzelten Fällen Algenfäden, Wurzelstücke, Moospartikel, mehrfach Kirschkerne, Mirabellensteine, Haselnüsse und Tannennadeln fest.

3. Insekten. Naumann (1905) gibt den umfassendsten Überblick über nachgewiesene Insektennahrung. Er führt auf: Wasserinsekten und deren Larven der Gattungen *Hydrophilus* (Kolbenwasserkäfer), *Dytiscus* (Echte Schwimmkäfer), *Gyrinus* (Taumelkäfer), *Donacia* (Schilfkäfer), die Larven der größeren Libellen der Gattungen *Aeschna* (Edellibellen), *Libellula* (Segellibellen) und *Agrion* (Prachtlibellen) sowie von den Landinsekten vor allem *Melolonthen* (Maikäfer), „die man daher oft in Mengen in seinem Magen fand". Mester (1958a) fand noch Reste kleinerer Käfer (Syriniden) u. a. Die vorgefundenen Reste lassen, das betont Geiger (1957), keineswegs darauf schließen, daß Insekten ein wesentlicher Bestandteil der Nahrung sind.

4. Weichtiere. Werden nach Geiger (1957) nur wenig aufgenommen. Sonst gibt es keine Hinweise dafür.

5. Krebse. Buxton (1952) sah mehrfach Krebse als Beute, teils doppelt so lang wie der Schnabel. Nach Schifferlis Erkundigungen

(in Buxton 1952) begannen die Haubentaucher Mitte August Krebse zu fressen, zu der Zeit, als diese sich häuteten. Stephan (1961) wies Ende Mai zwei bis drei kleine Flußkrebse nach.

6. Lurche. Nur bei Naumann findet sich eine Notiz, daß „nur im Notfall" kleine Frösche gefressen würden.

7. Fische. Fische bilden den Hauptanteil der Haubentauchernahrung, wenn Naumann (1905) auch schreibt: „Wo er Insekten genug hat, kümmert er sich wenig um andere Geschöpfe" und „Fische, aber höchstens bis einen Finger (20 cm) lang, fängt er, wo jene weniger häufig sind." Über die Schwierigkeit des Nachweises wurde bereits diskutiert.

Die bisher wohl umfangreichsten Untersuchungen über die Zusammensetzung der Haubentauchernahrung wurden von Geiger (1957) in der Schweiz (Bielersee) durchgeführt. Er wies 107 im Juni/Juli erlegten Haubentauchern 1141 Fische nach, darunter 926 Weißfische (meist Rotaugen), 213 Barsche, 1 Hecht und 1 unbestimmbaren Fisch.

Der größte Teil der Weißfische wurde durch Finden der Reibplatten — in manchen Magen bis zu 40 — nachgewiesen. Da den Barschen Reibplatten fehlen, kann von ihnen bei sonst gleichen Voraussetzungen nichts mehr vorhanden sein. Deshalb konnten relativ wenig Barsche als Beute notiert werden. Der Anteil der Nicht-Cypriniden (Nicht-Weißfische) wird deshalb in Wirklichkeit höher sein. Geiger (1957) korrigiert deshalb die Verhältniszahlen beim Vergleich durch Weglassen der Reibplattenfund-Nachweise. Beim erneuten Vergleichen stehen den 213 Barschen dann nur 147 Weißfische gegenüber (also statt 81% nur noch 41% Weißfische, jetzt aber statt 19% sogar 59% Barsche!). Er fand auch, daß die Altvögel im allgemeinen mehr Weißfische fressen, an die noch nicht selbständigen Jungen dagegen verhältnismäßig mehr Barsche verfüttert werden.

30 erbeutete Weißfische maßen zwischen 10 und 21,5 cm (im Durchschnitt 15 cm), 12 Barsche zwischen 5 und 10 cm (im Durchschnitt 6,5 cm).

Nach Ribi (in Geiger 1957) sollen zwei Hechte von 25 cm bzw. 27 cm Länge im Magen gefunden worden sein! In 3 Magen sollen nach demselben Gewährsmann 4, 5 und 7 kleine Hechte gefunden worden sein. Nach Widmer (ebenfalls in Geiger 1957) enthielt ein Haubentauchermagen 7, 8 und 10 cm lange Hechte.

8. Federn. Über das Fressen von Federn und über die in den Magen enthaltenen Federn sowie über die Bedeutung des Federfressens gehen die Meinungen beträchtlich auseinander. Wobus (1964a) hat diesen Meinungsstreit bzw. die unterschiedlichen Auffassungen besonders ausführlich dargestellt, so daß sich hier eine Wiederholung erübrigt. Es machen sich infolge der Untersuchungen Geiger's (1957) lediglich einige Ergänzungen notwendig. Geiger wirft die Frage auf, ob Gewölle ausgestoßen werden und fügt hinzu, es sei noch nie das Herauswürgen eines Federballens beobachtet worden. (Das widerspricht allerdings einigen Beobachtungen anderer Autoren. Siehe Wobus 1964a!) Andererseits

zeigten mikroskopische Untersuchungen im Darm nicht die geringste Spur von Federteilen, Knochen oder Chitin. Interessant ist doch immerhin, daß in den 107 von Geiger (1957) untersuchten Magen kein einziger ohne Federn oder Federreste war!

Diese im Magen vorzufindenden Federknäuel können einen beträchtlichen Umfang annehmen. Tratz (1954) fand einmal ein hühnereigroßes Knäuel einiger Bauch- und Seitenfedern. Das Gewicht gibt Naumann (1905) mit 9—19 g an.

Abschließend gebe ich zum Vergleich, vor allem mit dem Zwergtaucher, eine Zusammenfassung von Mageninhaltsuntersuchungen (Naumann 1905 56, Tratz 1954 1, Geiger 1957 107 und Stephan 1961 8 Magen).

Gesamtzahl der untersuchten Magen: 172, davon enthielten

Insekten	150 Magen (87 %)
Weichtiere	1 Magen (0,6 %)
Krebse	8 Magen (5 %)
Fische	162 Magen (94 %)
Spinnen	unklar, 3 Stück wurden nachgewiesen
Pflanzliches	56 Magen (33 %)
Steinchen/Sand	53 Magen (31 %)
Federn	168 Magen (98 %)

Da einige der Magenuntersuchungen summarisch dargestellt wurden (Stephan 1961 8, Naumann 1905 einige), ist nicht immer klar ersichtlich, ob sich in sämtlichen Magen alle genannten Nahrungsanteile vorfanden. Selbst wenn Korrekturen vorgenommen werden müßten, käme es zu nur unwesentlichen Verschiebungen. Interessant dürfte in diesem Zusammenhang auch sein, daß 7 der 10 fischleeren Magen von Altvögeln stammten und dann ausschließlich Federn enthielten. Die restlichen 3 Magen entstammten von Dunenjungen.

9. Biotop

9.1. Biotop zur Brutzeit

Von allen Lappentaucherarten stellt der Haubentaucher die größten Ansprüche an große, von Pflanzenwuchs freie Wasserflächen. Sie stellen eine Bedingung für einen Daueraufenthalt dar.

Der Haubentaucher besitzt zwar keine sehr große ökologische Plastizität, doch bereitet die Feststellung der Mindestgröße der Wasserfläche erhebliche Schwierigkeiten, da sie offenbar lokal stark variiert.

Angaben über die kleinsten besiedelten Gewässer:
Estnische SSR (Onno 1959): 20 ha
Mitteleuropa (Bauer und Glutz 1966): 10 ha
Großbritannien (Bauer und Glutz 1966): 1,5—2,5 ha

Schweiz (Bauer und Glutz 1966): 7,4 ha, meist auf mehr als 10 ha großen Seen, aber einmal sogar auf dem nur 0,9 ha großen Moossee
BRD (Horst 1952): knapp 1 ha inmitten von Äckern und Wiesen, 1,2 km vom Rhein
DDR (Wobus 1964b): 2,4 ha

Die bevorzugt besiedelte Gewässertiefe beträgt nach Bauer und Glutz (1966) 2 bis 5 m, doch werden weder tiefere noch flachere Gewässer gemieden. In meinem Kontrollgebiet in der Westlausitz halten sie sich vor allem auf den durchschnittlich 80 cm tiefen Teichen auf.

Eine weitere Voraussetzung für einen Daueraufenthalt ist stehendes bis höchstens ganz langsam fließendes Wasser. Von Natur aus kam er daher wohl schon immer auf Seen, in stillen Meeresbuchten, auf Altwässern von Flüssen und dergleichen vor. Die Tätigkeit des Menschen verschaffte ihm zusätzliche Aufenthaltsmöglichkeiten auf den vielen der Fischzucht dienenden Teichen, auf Stauseen und sogar auf den Restlöchern ehemaliger Braunkohlentagebaue (z. B. in den Bezirken Leipzig, Cottbus und Halle; Frieling 1952, Menzel 1966 und I. Melde, mündl.). In der Regel werden Süßwasserflächen bewohnt. Es werden aber auch Teile an Meeresküsten, Brackwasserflächen und Salzseen als Lebensräume genannt. So brütet er regelmäßig auf Texel (Bauer und Glutz 1966). Warncke (1961) fand 1959 an der mitteldänischen Nordseeküste einige Brutpaare. Nach Grote (1932) brütet er auf der Ostsee in den baltischen Sowjetrepubliken an der Watzalwieck und bei Leningrad im Finnischen Meerbusen. Nach demselben Autor meidet er in den Steppen im Süden der Sowjetunion die größeren Salzseen nicht, sofern die Ufer Vegetation aufweisen. Auch die Nordküste des Kaspischen Meeres wird besiedelt.

Als nächste Voraussetzung für ein Brutvorkommen muß — von einigen bereits oben genannten Ausnahmen abgesehen — das Vorhandensein von Nahrung angesehen werden. Oligotrophe, von Nadelwäldern umgebene Seen meidet er in der Estnischen SSR (Onno 1959). Erst durch ein Haubentaucher-Brutvorkommen, z. B. auf einem erloschenen Braunkohlentagebau bei Borna, Bez. Leipzig, wird manchmal eine Gewässerbelebung durch Fische vermutet (Frieling 1952). Auf den von mir unter regelmäßiger Kontrolle stehenden Teichgebieten erweisen sich die häufig wechselnden Brutvorkommen als deutliche Anzeiger für versiegte bzw. sich neu entwickelnde günstige Nahrungsgrundlage.

Ein regelmäßiges erfolgversprechendes Brüten erfordert auch einen Pflanzengürtel an den Ufern, der einen Sichtschutz vom Ufer aus bietet. Die Breite eines solchen Schilfgürtels hat keine Bedeutung, ebensowenig die Dichte. Haubentaucher meiden deshalb auch recht spärliche Bestände nicht. Zuweilen — bei größerem Abstand vom Ufer — begnügt er sich sogar mit submerser Vegetation.

Die Nähe des Menschen meidet er im allgemeinen. Das wird durch die Abnahme der Brutbestände bei gleichzeitiger Zunahme des Wassersports

Abb. 23 und 24. Etwa 0,5 cm^2 der Kalkschale wurden um 13.00 Uhr abgestoßen, die Schalenhäute sind noch unversehrt; um 18.00 Uhr ist das jetzt ganz offene Loch etwa 2 cm^2 groß. Aufn. M. M e l d e

Abb. 25. Ein Junges schlüpft. Aufn. F. M e l d e

Abb. 31—34. Das Junge kriecht am Körper des brütenden Weibchens nach hinten, gelangt mit strampelnden Beinbewegungen auf den Rücken der Mutter und verschwindet langsam im Rückengefieder. Obwohl das Weibchen aufsteht, fällt das untere Junge, das fest am Körper hängt, nicht hinunter. Vermutlich hat es sich festgebissen. Aufn. M. Melde

Abb. 35. Drei Junge des aus vier Eiern bestehenden Geleges sind bereits geschlüpft. Trotzdem baut das Weibchen, ein Junges auf dem Rücken, weiter. Aufn. M. M e l d e

Abb. 36. Das Weibchen trägt jetzt zwei Junge, und das Paar baut noch immer! Aufn. M. M e l d e

Abb. 37. Die Jungen werden mit Insekten, Insektenlarven ...
Aufn. M. Melde

Abb. 38. ... und mit kleinen Fischen gefüttert. Aufn. M. Melde

Abb. 39. Die Jungen nehmen das Futter am Nestrand entgegen. Auch der Futterbringer kann Junge tragen! Aufn. M. Melde

Abb. 40. Der brütende Taucher hält einem Jungen eine weiße Feder vor, der Vorgang wiederholt sich oft! Aufn. M. Melde

Abb. 41. Jungvogel, 8 Tage alt. Aufn. M. Melde

Abb. 42. Jungvogel, 15 Tage alt. Es bestehen also keine großen Unterschiede! Aufn. M. Melde

Abb. 43. Erstaunlicherweise trägt das 15 Tage alte Junge in diesem Alter noch den Eizahn! Aufn. M. Melde

belegt. Aus den Niederlanden sind allerdings auch Stadtvorkommen bekannt (K o o i j m a n s 1942).

In der Oberlausitz werden die Teiche mit Phragmitesbeständen deutlich den Teichen mit anderer dominierender Vegetation vorgezogen (W o b u s 1964b und eigene Beobachtungen). Die Umgebung der Teiche — Wald oder Freiland — ist für die Besiedelung eines Gewässers in der Oberlausitz bedeutungslos (W o b u s 1964b und eigene Beobachtungen), in der Estnischen SSR dagegen nicht (O n n o 1959).

9.2. B i o t o p z u r Z u g z e i t u n d i m W i n t e r

Im Herbst und Winter hält sich der Haubentaucher stets auf sehr großen freien Wasserflächen auf, wie sie ihm die großen Binnenseen, Flußmündungen und Meeresküsten bieten. Jetzt werden wesentlich größere Distanzen zum Ufer eingehalten.

10. Vorkommen, Siedlungsdichte und Bestandsschwankungen

Die Siedlungsdichte hängt, worauf schon W o b u s (1964a) bei der Bearbeitung des Rothalstauchers hinwies, von zahlreichen Faktoren ab. Da die Zusammenstellung auch auf den Haubentaucher zutrifft, soll sie hier wiedergegeben werden: Die Siedlungsdichte beeinflussen „geographische Lage des Gewässers, Höhe über dem Wasserspiegel, Dichte und Art der Ufervegetation, Bewirtschaftung dieser Vegetation, Wassertiefe, Störungen, Populationsdichte anderer Wasservögel, verfügbare Nahrungsmenge, Revierverhalten, Sterblichkeit“, um nur einige zu nennen.

Die Anzahl der in der jetzigen Zeit im mitteleuropäischen Raum brütenden Haubentaucher hängt wohl vor allem von der gewässerregulierenden Tätigkeit des Menschen ab. Besonders bei langjährigen Kontrollen kleinerer Gebiete fällt oft ein beträchtliches Schwanken des Brutpaarbestands auf. Je größer aber die Kontrollfläche gewählt wird, desto stabiler halten sich die Bestandszahlen über Jahre hinweg.

Die anschließende Zusammenstellung soll einen Überblick über den derzeitigen Bestand geben, soweit das an Hand vorliegenden Materials überhaupt möglich ist. Es sollen aber auch wechselnde Verhältnisse einiger gut untersuchter Gebiete angedeutet werden.

G r o ß b r i t a n n i e n. Zahlen aus früheren Zeiten fehlen, doch begann im vorigen Jahrhundert, wie H a r r i s s o n und H o l l o m (1932) berichten, einer aufkommenden Federmode wegen ein Vernichtungsfeldzug, dem nur wenige Paare auf Großgrundbesitz entgingen. Nach Erlaß des Vogelschutzgesetzes um die Jahrhundertwende nahm die Zahl wieder zu. 1931 gab es auf der britischen Hauptinsel etwa 1160 Paare. Eine 1936 erneut durchgeführte Probezählung (H o l l o m 1936) auf der Hälfte der

Erfassungsfläche von 1931 ergab eine 3%ige Erhöhung des Gesamtbestands. Die Menge der Brutpaare war allerdings um 6% gefallen; die Zahl der Nichtbrüter war also gestiegen. 1951 gibt H o l l o m erneut Zählergebnisse bekannt. Das Ergebnis von 1931 wurde gleich 100% gesetzt. Nach diesen Angaben betrug der Bestand 1947 — nach dem strengen Winter 1946/47 — 82%, 1948 98%, 1949 112% und 1953 schließlich 123%. Wir erkennen also eine beachtliche Zunahme innerhalb weniger Jahre in diesem Gebiet. In einzelnen Grafschaften wurden jedoch gewaltige Abnahmen, in anderen doppelte Zunahmen registriert (hauptsächlich durch Entstehung neuer Lebensstätten wie Kiesgruben und dgl.).

N i e d e r l a n d e. Brütet spärlich, regelmäßig nur auf Texel (B a u e r und G l u t z 1966).

L u x e m b u r g. Brutnachweis fehlt.

B e l g i e n. S u e t e n s (1960) gibt für 1959 etwa 50 Brutpaare an, von denen etwa 27 Paare (ungefähr 54%) auf 4 Brutplätzen konzentriert vorkommen. Die größte Siedlungsdichte errechnete er mit 0,36 Paar je ha (1 Paar stehen durchschnittlich 2,78 ha Wasserfläche zur Verfügung).

Für F r a n k r e i c h, S p a n i e n, P o r t u g a l, die Mittelmeerinseln und I t a l i e n fehlen Übersichten. Nach S c h ü z (1931) gibt es für P o r t u g a l nur 5 Nachweise! Die Art tritt also in Südwesteuropa recht spärlich auf.

S c h w e i z. Wenn auch eine zusammenfassende Übersicht fehlt, so kann man doch aus den Ergebnissen der untersuchten Teilgebiete auf ein überaus häufiges Vorkommen der Art auf entsprechenden Gewässern schließen. Vor allem beeindrucken hier die Zusammenballungen auf relativ kleinen Flächen. Die größte Dichte erreicht er auf dem Rotsee bei Luzern: 30 Brutpaare je 50 ha. Auf dem Neuenburger See wird eine Häufung an beiden See-Enden deutlich: 20 bis 30 Brutpaare auf 500 m Uferstrecke (B a u e r und G l u t z 1966); C a p t (1957) fand unweit Yverdon auf einem Raum von 150 × 80 m insgesamt 149 belegte Nester! Auf dem Lac de Joux (Waadt), dem offenbar höchstgelegenen Brutplatz Europas, brüteten in den letzten Jahren 20 bis 40 Paare. Im Kanton Bern wurden nach H a u r i (1960b) auf 13 Gewässern 1844 Ex. gezählt. Der Untersee beherbergte 1952 etwa 120—150 Paare. Über ein Zunehmen der Bestände berichtet G e i g e r (1957) vom Bielersee. Als Grund wird die fortschreitende Eutrophierung des Sees und der damit verbundenen Zunahme der Fischbestände angenommen.

B R D. K n i p r a t h und K r a m e r (1963) geben für 1961 aus folgenden Gebieten Zahlen an: Niedersachsen 137 Paare; Lüneburger Heide bis

5 Paare (unvollständig!), Südniedersachsen rund 50 Paare (unvollständig!); für den Raum Hamburg und Schleswig-Holstein schätzt Berndt (MS) auf den 200 bewohnten Gewässern 1800 Paare. Interessant sind seine Untersuchungen über die Siedlungsdichte einiger verglichener Gewässergrößen. So nimmt dort die Siedlungsdichte „mit zunehmender Gewässergröße nur um die Hälfte ab; Seen von 50—100 ha und Großgewässer haben im Durchschnitt die gleiche Siedlungsdichte". Berg-Schlosser (1968) nennt für Hessen, insbesondere für die Jahre 1964 bis 1966, 54 bis 62 Brutpaare, die sich jedoch ausschließlich auf Mittel- und Südhessen verteilen, außer einigen wenigen Paaren am Rhein in der Nähe von Bingen. Eber (1968) gibt 170—240 Paare für Nordrhein-Westfalen an. Nach Hölzinger u. a. (1970) gab es im Verbreitungsgebiet des Alpenvorlands und der Oberrheinebene 1968 mindestens 1250 Paare, davon wenigstens 1000 am Bodensee (Bandorf 1970 schreibt von 1200 Brutpaaren). Wenn auch Gebhardt/Sunkel (1954) vom Aufgeben von Brutplätzen sprechen, dessen Ursache im zunehmenden Badebetrieb vermutet wird, so stehen dieser Angabe mehrere Berichte über eine — wenn auch nur schwache — Zunahme gegenüber. Hölzinger u. a. (1970) schreiben von einer starken Zunahme der Art seit 1963 auf dem Federsee (vor 1963 2 bis 15 Paare, nach Einstellung der intensiven Welsfischerei stieg der Bestand bis 1968 auf mindestens 60 Paare an), auf der Donau und dem südlichen Oberrhein. Bezzel (1970) führt Zählschätzungen aus Südbayern an. So stieg der Bestand von etwa 430 Paaren im Jahre 1964 auf ungefähr 450 bis 500 Paare in den Jahren 1968/69 an. Nach Peitzmeier (1969) war der Haubentaucher in Westfalen vor 1930 ein seltener, unregelmäßiger Brutvogel. Zwischen 1945 und 1960 wurden zeitweise mehr als 40, 1967 51 bis 63 Brutplätze gezählt.

DDR. Nach Heyders (1952) Angaben brütete die Art im Bergland bei Zittau, Freiberg, Limbach und Plauen Anfang bis Mitte des Jahrhunderts häufiger. Heute werden bereits wieder einzelne Brutversuche in der Literatur genannt (Dathe 1953). Dagegen verzeichnet Oelschlegel (1970) ein Ansteigen der Brutbestände in ähnlichen Höhenlagen des weiter westlich gelegenen Plothener Teichgebiets. Als dort vor 1960 2 bis 3 Paare brüteten, klagte Semmler (in Oelschlegel 1970) „verschwindet mehr und mehr". Doch schon 1961 und 1962 wurden dort 6—8 Paare geschätzt, 1967 aber 17 Paare (möglicherweise 20) brütend nachgewiesen. Auf dem westlich Karl-Marx-Stadt gelegenen, 42 ha großen Stausee bei Glauchau brüteten in einem etwa 1 ha großen Rohrkolbenbestand *(Typha latifolia)* 1966 etwa 15 Paare (2,8 ha Wasserfläche je Brutpaar) (Jentzsch 1968). Auch die südlich von Leipzig befindlichen Frohburg-Eschefelder Teiche beherbergten bis 1953 zur Brutzeit keine Haubentaucher, 1957 nisteten aber 7 und 1958 10 Paare dort (Wagner 1961). Auf den nahen Haselbacher Teichen brütete die Art früher häufiger, heute werden nur noch wenige Brutpaare gezählt (Karg 1963).

Wir sehen bereits auf engem Raum ein wechselvolles Auf und Ab. Tuchscherer (1966) führt das teilweise Verschwinden des Haubentauchers im Torgauer Teichgebiet (nordöstlich von Leipzig) auf das Entlanden der Teiche und auf die dort einsetzende Mastentenhaltung zurück.

Für das NSG Zschorna (nördlich von Dresden) mit 215 ha Wasserfläche (zwei Gewässer mit 180 bzw. 35 ha) teilt mir Hummitzsch (briefl.) folgende Zahlen mit:

1969 10—15 Bp (14 —20 ha/Bp)
1970 20—23 Bp (8 — 9 ha/Bp)
1971 45—50 Bp (4,3— 4,8 ha/Bp)

Hier fällt die rapide Zunahme innerhalb von nur 3 Jahren besonders auf.

In den Teichen des nahen Moritzburger Teichgebietes (9 Teiche zwischen 5 und 60 ha) mit insgesamt 221 ha brüteten 1971 23 Paare, also etwa 9,6 ha/Bp (Hummitzsch, briefl.). Die größte Dichte wies ein Teich von 7 ha mit 7 Bp auf!

Die Westlausitzer Teiche (Kreis Kamenz — eigene Beobachtungen) mit rund 940 ha Teichfläche beherbergten im 12jährigen Mittel (1960—1971) 15,3 Brutpaare (etwa 61 ha/Bp). Dem niedrigsten Besatz mit 9 Paaren in den Jahren 1960, 1964 und 1969 steht der höchste mit 28 Paaren im Jahr 1971 gegenüber. Insgesamt gesehen kann auch hier von leicht steigender Tendenz gesprochen werden.

Auf dem nächsten nach Osten zu anschließenden Teichgebiet bei Wittichenau mit nach meinem Erachten günstigen Biotop- und Nahrungsverhältnissen fehlt die Art völlig (Krüger, briefl.). In den Koblenzer Teichen (Größe unbekannt) stieg die Zahl der Brutpaare von 1968 bis 1971 von 18 auf etwa 22 Paare (Krüger, briefl.).

Ein von Schulze (briefl.) kontrollierter Teich von 26 ha Größe im Uhyster Teichgebiet enthielt zwischen 1964 und 1971 folgende Brutpaare: 4, 5, 7, 4, ?, 4, 6, 8 (Siedlungsdichte schwankt zwischen 6,5 ha und 3,3 ha/Bp).

Wobus (1964b) liefert für das östlichste Gebiet der Oberlausitzer Teiche, für den Kreis Niesky, detaillierte Angaben, die hier jedoch zusammengefaßt dargestellt werden sollen: Auf der Gesamtwasserfläche von 1864 ha standen 1960 einem Brutpaar etwa 31 ha zur Verfügung (etwa 60 Paare). Krause (1960) verzeichnete für ein Teichgebiet bei Kreba, Kreis Niesky, zwischen 1955 und 1959 einen Rückgang von 26 Paaren auf 10 Brutpaare. Andererseits weist Wobus (1964b) für das weiter östlich gelegene Ullersdorfer Teichgebiet ein Ansteigen von etwa 5 Paaren um die Jahrhundertwende auf 15 Paare im Jahr 1963 nach, wobei die eigentliche Aufwärtsentwicklung gerade in die Periode fällt, die bei Kreba in negativer Richtung verlief. Hier liegen also wohl doch mehr Umsiedlungen vor.

Aus den mittleren Gebieten der DDR sind keine speziellen Untersuchungen bekannt. Nur Rutschke (1964) führt den Gülper See an, wo er u. a. auf rund 500 m^2 14 belegte Nester fand. Litzbarski und Hübner (1967) beziffern den Brutbestand im Tonabbaugelände von Zehdenik (nördlich von Berlin) für 1964 mit etwa 40 und für 1965 und 1966 mit je rund 45 Paaren. Jung (1966) fand auf dem Tollensesee in einem 850 m langen, 15—30 m breiten Phragmitesstreifen 1962 25—28, 1963 28—32 und 1964 35—40 Bp, in einem 3200 m langen Rohrsaum an den Liepsufern sah er 1963 30 und 1964 14 Paare. Es wird darauf hingewiesen, daß im oligotrophen Tollensesee (klares Wasser!) eine größere Dichte vorgefunden wird als im Liepssee, was allerdings den Feststellungen Geigers (1957) entgegensteht.

Insgesamt finden wir auch hier im allgemeinen ein Ansteigen des Bestands.

Oft wird der Bestand auch überschätzt, wie einer „Falke"-Redaktionsnotiz (8, 1961, S. 267) zu entnehmen ist. Es wird von 500 Brutpaaren gesprochen, die 1960 auf dem Schweriner See gebrütet haben sollen. Schubert (1961) ermittelte auf diesem See 1958 etwa 110, 1959 etwa 95 und 1960 etwa 120 Paare.

Auf sämtlichen Seen des Kreises Röbel wurden 1969 Bestandserhebungen vorgenommen. Auf den 17 Seen (zwischen 5 und 120 ha) mit einer Fläche von 715 ha wurden 112 Paare (6,4 ha/Bp) und auf der rund 12 000 ha großen Müritz etwa 700 Paare gezählt (17 ha/Bp) (Krägenow und Schwarz 1970). Wie einer Fußnote zu entnehmen ist, muß diese Zahl wahrscheinlich noch als zu niedrig eingeschätzt werden.

Kuhk schrieb bereits 1939 verallgemeinernd von den drei Nordbezirken, daß der Haubentaucherbestand wahrscheinlich zugenommen habe, obwohl die Art auch früher offenbar allgemein verbreitet und auch häufig war. Er führt mehrfach kolonieweises Brüten an. Kuhk selbst fand 1936 auf dem Burgsee beim Schweriner Schloß in einem 20 × 50 m großen Rohrbestand 10 Nester, Hamann (zitiert bei Kuhk 1939) berichtet von einer Kolonie in einem 20 × 100 m umfassenden Rohrsaum in der Gegend von Sietow (Müritz), die zwischen 1897 und 1901 35, 75, 55, 83 und 67 Nester enthielt.

Vergleiche der einzelnen Untersuchungsergebnisse verdeutlichen das, was Schlegel schon 1925 ausspricht: „Im allgemeinen scheint die Zahl der Brutpaare nach Jahren verschieden zu sein." Durch die raschen lokalen Verschiebungen von Jahr zu Jahr werden exakte Bestandserhebungen sehr erschwert, wenn nicht gar unmöglich gemacht. Es sei denn, die Zählungen erfolgten zu einem einheitlichen Termin in einem großen Raum.

Nach den Ermittlungen der zitierten Autoren erfolgt auf dem Gebiet der DDR zur Zeit eine Zunahme des Haubentauchers.

ČSSR. Bauer und Glutz (1966) nennen den Haubentaucher einen in diesem Land häufig brütenden Vogel. Über das Brüten in den Namiester Teichen (bei Brno) liegen Beobachtungen seit 1885 vor (Fiala

1961b). Die 22 Teiche umfassen 186 ha Wasserfläche und wurden seit 1885 zuerst von 2—6 Paaren, dann während einer kurzen Zeit der Verfolgung von 1—3 Paaren, später aber wieder von etwa 5 Paaren und um 1960 von 5—10 Paaren besiedelt. Im Gebiet der Böhmisch-Mährischen Höhe fand Fiala (1965) rund 110 Brutpaare.

Österreich. Nach Bauer und Glutz (1966) beschränkt sich das Vorkommen auf nur wenige Gebiete. Am Neusiedler See kommt er häufig vor.

Ungarn. Das Vorkommen wird von Keve (1960) folgendermaßen charakterisiert: „An größeren Teichen oder abgeschlossenen Flußarmen ziemlich häufiger Brutvogel.“ Doch teilt mir Kewe (briefl.) mit, daß die Art als Brutvogel in den letzten 50 Jahren sehr abgenommen hat. Der Haubentaucher wird als Charaktervogel des Balaton bezeichnet. 1941 brüteten an der Halbinsel 40 Paare (Keve u. a. 1943).

Übrige Balkanländer. Aus diesem Raum liegen mir keine speziellen Angaben vor. Für Jugoslawien nennt Makatsch (1950) die Crna-reka-Niederung sowie die nahen Ohrid- und Prespaseen als Brutplätze. Dann schreibt er weiter: „... brütet auch an einigen Stellen in Mazedonien und ist möglicherweise auch Brutvogel im übrigen Griechenland!“

Sowjetunion. Grote (1940) nennt ihn „auf dem unteren Syr-Darja und an den Ostküsten des Aralmeeres stellenweise recht häufig“. Johansen (1959) spricht der Art im Westsibirischen Tiefland im südlichen Teil der Waldzone und in allen Steppenzonen ein überall recht gewöhnliches Vorkommen zu; östlich des Ob in der Kusnezker Steppe wurde er nur im nördlichen Teil und dazu nur selten gefunden. Im Altai fehlt er fast völlig, ist aber im westlichen Altaivorland wiederum nicht selten und am Saissan-See sogar häufig. Nach Grote (1932) brüten auf Gewässern im Süden bzw. im Südosten der Sowjetunion „gewaltige Scharen von Brutpaaren“. In der Estnischen SSR betrug der Bestand nach Onno (1960) zwischen 1951 und 1957 durchschnittlich 775 Paare an mindestens 112 verschiedenen Stellen, zwischen 1967 und 1969 aber etwa 1200 Paare (Onno 1971). Es fand in diesem relativ kurzen Zeitraum also eine beträchtliche Zunahme statt.

Polen. Bestandserfassungen scheinen zu fehlen. Nur von Tischler (1941) wissen wir, daß er in Masury überall häufig vorkommt, wo der Rohrgürtel nicht zu klein oder zu schwach entwickelt ist. Auch findet sich eine Bemerkung über häufigen Bestandswechsel. Die Entwicklung der Population am Drausensee bei Elblag wird ausführlich dargestellt. Danach kam er vor 1925 recht sparsam vor, war jedenfalls seltener als

Rothals- und Schwarzhalstaucher. 1936 wird ihm schon eine mittlere bis hohe Dichte zugeschrieben, 1937 schließlich übertrifft er an Zahl alle anderen Taucherarten. Von 40—50 Paaren in den Jahren 1929/31 nahm er bis 1937 auf 350—400 Bp zu. Diese enorme Zunahme in den wenigen Jahren wird von Schwanitz (in Tischler 1941) auf den Rückgang des Pflanzenwuchses im See zurückgeführt. 1962, bei niedrigem Wasserstand, schätzte Karczewski (in Sokolowski 1967) etwa 50 jungeführende Paare.

Finnland. Merikallio (1958) gibt für den besiedelten Teil des Landes einen Bestand von etwa 5000 Bp an.

Für Schweden und Norwegen liegen mir keine Bestandserfassungen vor.

Dänemark. Preuss (1969) gibt eine detaillierte Übersicht über die Brutvorkommen aller Lappentaucher. Mit 2200 bis 2500 Bp übertrifft der Haubentaucher alle anderen dort brütenden Taucherarten an Zahl meist beträchtlich. Rafn (1941) berichtet auch hier von einer Brutkolonie, deren 29 Nester in einem 200 m langen Binsenholm schwammen.

11. Ankunft am Brutplatz

Je nach der geographischen Lage finden wir eine weite Spanne zwischen ständigem Verbleib im Brutgebiet und lokal deutlich unterschiedlichen Ankunfts- und Abzugszeiten.

Wie Suetens (1960) ausführt, verbleiben die Haubentaucher „des alten Stammes“ von Hofstade (Belgien) den ganzen Winter über am Brutplatz. Hier werden nach seinen Darstellungen sogar die Paarbindungen nicht völlig gelöst; auch die Bindung zum Territorium hört nicht ganz auf. Im übrigen europäischen Raum fehlen Meldungen über regelmäßigen ganzjährigen Aufenthalt der Brutvögel am Brutplatz, wenn auch an einigen Brutplätzen in der Schweiz eine große Wahrscheinlichkeit dafür besteht.

Die Rückkehr zum Brutplatz kann im allgemeinen nicht auf das Eisfreiwerden der Brutgewässer zurückgeführt werden, obwohl beide Ereignisse in manchen Jahren (meist bei langer Vereisung im Frühjahr) zugleich eintreten. Groebbels (1958) führt das Zurückfliegen auf die Brutgewässer auf innere Faktoren zurück. Nach übereinstimmenden Mitteilungen erfolgt die Ankunft nachts. Vielfach kommen sie verpaart an: Die Partner halten stets deutlich zusammen. Es werden aber auch sehr häufig einzeln ankommende Exemplare vermerkt.

Bei in kleinen Verbänden ankommenden Vögeln handelt es sich wohl meist — in der Oberlausitz stets — um rastende Durchzügler, die nach wenigen Tagen wieder verschwinden.

Bei Erstbeobachtungen in meinem Kontrollgebiet notierte ich bisher 14mal die Ankunft von Einzelvögeln und 9mal die Ankunft gepaarter Taucher. Außerdem vermerkte ich 4mal die Erstbeobachtung von kleinen Verbänden (7 bis 12 Ex.). Dittberner (1970) fand am Felchower See 1966 und 1967 die zuerst angekommenen Taucher gepaart vor, notierte die später hinzukommenden aber als Einzelankömmlinge.

Der Tag der Ankunft der ersten Tiere hängt zum großen Teil — aber das ist eben nicht die Regel! — von der geographischen Lage ab. Peitzmeier (1969) nennt für Westfalen die zweite Februarhälfte, meist jedoch Anfang März als Ankunftszeit. In Südmähren kamen die Taucher im 25jährigen Durchschnitt am 20. 3. an (Hachler 1958). Wobus (1964b) nennt den 21. 3. als Ankunftsdatum für das neißenahe Gebiet im 10jährigen Durchschnitt (1953—1963). Für die in den Westlausitzer Teichen brütenden Vögel errechnete ich den 26. 3. als Mittel einer 25jährigen Beobachtungszeit (1947—1971).

Hummitzsch (briefl.) gibt für das elbtalnahe NSG Zschorna als 8jähriges Mittel (1964—1971) den 15. 3. an.

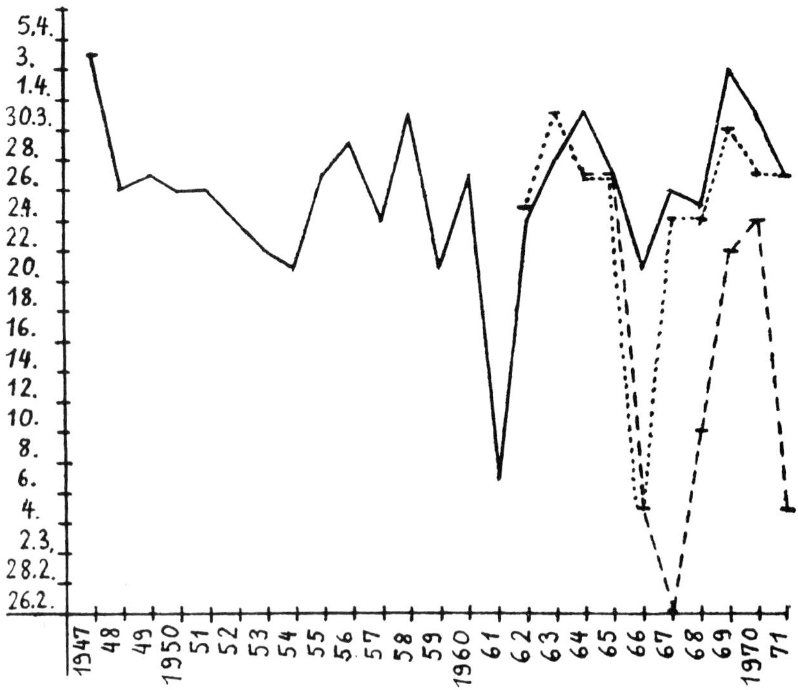

Abb. 44. Erstbeobachtungen in verschiedenen Teichgebieten der Oberlausitz. ——— Melde, Kreis Kamenz, — — — — Hummitzch, Moritzburg. . . . . . . Krüger, Koblenzer Teiche

Den Verlauf der Ankunft in einzelnen Gebieten der Oberlausitz zeigt Abb. 44.

Es zeigt sich also, daß die Erstbeobachtungen auch innerhalb kleiner Räume bedeutend variieren können.

Für das Westsibirische Tiefland bei Barnaul gibt J o h a n s e n (1959) Anfang Mai, für das nördlicher liegende Tomsk den 18. 5. (als 16jähriges Mittel) als Ankunftsdatum an.

In der Estnischen SSR ermittelte O n n o (1960) den 19. 4. als durchschnittliches Ankunftsdatum aus 10 Jahren (1948—1957). Als Ankunftsdaten werden in der Regel die Erstbeobachtungen verwendet. Diese sagen aber noch nichts über die Ankunft der Population aus. Ich habe versucht, in zwei Jahren den Zeitraum der Ankunft einer Population eines Teiches zu ermitteln. Dies gelang mir aber nur in sehr bescheidenem Maße. Hier in der Oberlausitz fluktuieren die Brutpaare in den einzelnen Teichgebieten von Teich zu Teich und zu benachbarten Teichgebieten oder noch weiter meist derart, daß man eben am Ende für ein kleineres Beobachtungsgebiet schwer eine endgültige Zahl von Brutpaaren nennen kann. Im gleichen Sinne äußert sich W o b u s (1964b).

Zählungen im Biehla/Weißiger Teichgebiet (145 ha Teichfläche):

1970	Einzelvögel	Paare	1971	Einzelvögel	Paare
31. 3.	2		27. 3.	1	
4. 4.	6	1	28. 3.	2	
12. 4.		8	1. 4.	2	1
14. 4.		5	2. 4.	1	5
21. 4.		9	4. 4.		5
16. 5.		9 (brütend)	7. 4.	1	6
			8. 4.	1	7
			13. 4.		10
			15. 4.		11
			17. 4.		13
			28. 4.		9
			3. 5.		7
			5. 5.		10
			9. 5.		7 (brütend)

Bis Mitte Juni kamen hinzu und brüteten schließlich auch noch: 1970 4 Paare, 1971 2 Paare, so daß 1970 insgesamt 13 und 1971 9 Paare zur Brut schritten.

Es finden also häufig Zu- und Abwanderungen statt. In meinem Beobachtungsgebiet gibt es Teiche, die bis Anfang Juni kein Brutpaar aufweisen, dann aber plötzlich von einem oder von zwei Paaren besetzt werden, die auch zur Brut schreiten. Zum großen Teil rühren die rasch wechselnden Zahlen von rastenden Durchzüglern her. Das verdeutlichen auch O n n o s (1960) Worte für die estnischen Verhältnisse: „Der zahlreiche Durchzug des Haubentauchers setzt etwa zehn Tage nach Ankunft der ersten Individuen ein und zieht sich, zahlenmäßig nachgebend, bis Ende Mai hin.“

12. Balz und Paarung

Über dieses Problem haben besonders H u x l e y (1914) und S i m m o n s (1955) ausführlich berichtet. Ich folge deshalb zum größten Teil deren Darstellung und (der englischen) Terminologie.

12.1. B a l z e l e m e n t e

D a s K o p f s c h ü t t e l n (Head-shaking) (Abb. 45). Beide Partner schwimmen aufeinander zu, verharren in (meist) geringem Abstand (etwa eine halbe Körperlänge bis wenige Zentimeter) und schütteln mit steil nach oben gerecktem Hals ihre Köpfe. Nach je 4—5 raschen Schüttelbewegungen erfolgt eine kurze Pause. Die einzelnen Schüttelserien dauern zwischen wenigen Sekunden bis (aber selten) vier Minuten.

D a s K o p f w e n d e n (Slow swaying). Die sich in gleicher Haltung und in gleichem Abstand wie oben dargestellt gegenüberstehenden Taucher wenden in etwa einsekundiger Folge den Kopf in horizontaler Drehrichtung jeweils in einem Winkel von 30° bis 45° in bezug auf eine Gerade zum Partner. Die Dauer der in einer Serie erfolgten Wendungen beträgt in der Regel nur wenige Sekunden.

S c h e i n p u t z e n (Habit-preening). Während der Gegenüberstellungsphase legen die Partner den Kopf langsam zurück und mit geschlossenem Schnabel werden einige Federn des angelegten Flügels angehoben.

Abb. 45. Kopfschüttelndes Paar

Abb. 46. Pinguin-Tanz mit Pflanzenpräsentieren

Das Pflanzenpräsentieren (Weed-trick). Während eines kurzen Tauchens wird Pflanzenmaterial aufgenommen. Nach dem Wiederauftauchen schwimmt der Vogel zum Partner, hält die Pflanzenteile einige Sekunden vor und läßt sie schließlich fallen.

Der Pinguin-Tanz (Penguin-dance) (Abb. 46). Nach Annäherung auf einige Dezimeter richten sich die Partner durch rasches Paddeln (Wassertreten) mit den Füßen so weit steil in die Höhe, daß die nunmehr annähernd Brust an Brust befindlichen Körper fast ganz aus dem Wasser gedrückt werden. Auch dieses Balzelement dauert jeweils nur wenige Sekunden, dann sinken die Körper wieder in Normallage auf das Wasser zurück.

Das Steilaufrichten (Ghostly-penguin) (Abb. 47). Nach dem Wegtauchen erscheint der Taucher in einiger Entfernung vom Partner

Abb. 47. Steilaufrichten

Abb. 48. Katzenstellung

wieder an der Wasseroberfläche, wächst durch rasche Paddelbewegungen (Wassertreten bei geringem Vorschub) steil aus dem Wasser und bewegt sich in dieser Haltung ganz langsam auf den Partner zu.

D i e K a t z e n s t e l l u n g (Cat-display) (Abb. 48). Der Haubentaucher zieht den Hals etwas an, neigt den Kopf schräg nach unten, breitet die Flügel gewinkelt vom Körper und schwimmt — wie drohend — zum Geschlechtspartner.

D a s P a r a l l e l s c h w i m m e n (Swimming-together) (Abb. 49). Die Partner schwimmen mit angezogenem Hals annähernd in gleicher Front nebeneinander her. Hat das Paar noch keinen Nistplatz gewählt, schwimmen sie zu keinem bestimmten Ort, wenn es auch so aussieht, als würden sie zielgerichtet schwimmen. Später ist es jedoch offensichtlich, daß das Schwimmen zum Nistplatz gerichtet ist. Ist dieser erreicht, können sich andere intimere Handlungen anschließen.

12.2. B a l z z e r e m o n i e n

Die oben geschilderten Balzelemente treten in Verbindung mit speziellen Rufen als vielfältig variierte Balzhandlungen auf. Von den einzelnen Autoren (z. B. S i m m o n s 1955, M o l l 1955, T i n b e r g e n 1952, G r o e b b e l s 1937 und H u x l e y 1914) werden zahlreiche voneinander abweichende oder einander ergänzende Handlungen dargestellt. Die Balzspiele weisen aber, soweit ich das überblicken kann, beträchtliche lokale Abweichungen auf, was schon H u x l e y (1933) bekanntgab. Daher rühren wohl auch die unterschiedlichen Darstellungen! Bisher wurden noch keine Untersuchungen über die in einem Gebiet dominierende Balzart vorgenommen, auf deren Grundlage mit Hilfe einer Kartierung eine Umgrenzung vorgenommen werden könnte.

Es muß vorausgeschickt werden, daß – wie bei vielen Vogelarten mit geringem oder fehlendem Geschlechtsdimorphismus – die Balzhandlun-

Abb. 49. Parallelschwimmen

gen der Partner wenig voneinander abweichen. Die Partner können daher ihre Rolle in jedem Balzstadium vertauschen (sogar Koitusstellungen!). Deshalb kann aus aktivem bzw. passivem Verhalten allein nicht auf das Geschlecht geschlossen werden. Es müssen auch noch die geringen äußerlichen Geschlechtsmerkmale bei einer Geschlechtsbestimmung zu Rate gezogen werden.

Einige in sich abgeschlossene und voneinander unabhängige Balzhandlungen sollen hier kurz dargestellt werden. Es muß aber betont werden, daß sie so vor sich gehen können, aber nicht müssen! Moll (1955) hat drei verschiedene Balzformen beschrieben, die, da sie sehr treffend dargestellt sind, hier nochmals kurz umrissen werden.

Balz auf offenem Wasser ohne Pflanzenmaterial. Die Partner schwimmen mit *„ äö — äö"* bis auf eine halbe Körperlänge aufeinander zu, „richten die Hälse senkrecht auf, neigen die Köpfe in einem geringen Winkel nach unten, sträuben Schopf und Federkragen und beginnen bei gleichzeitigem *„Kröck-kröck-kröck-kröck"* die Köpfe zu wenden und zu schütteln". Bei fortschreitender Erregung nähern sie sich fast bis zur Berührung der Brüste, „und die Hälse werden leicht nach hinten gebogen. Während des Schüttelns werden die Schnäbel häufig senkrecht nach oben gerichtet". Das Männchen richtet den Schnabel häufiger senkrecht auf als das Weibchen. Beim Abklingen der Erregung werden sie stumm und entfernen sich wieder bis auf etwa eine Körperlänge. Jetzt wird seltener geschüttelt, aber noch immer gewendet. Dann wird der Kopf nach hinten gelegt: es folgt das Scheinputzen. „Nach 1,5 bis 2,5 (bis 6) Min. klingt die Balz aus." Die Bewegungen werden langsamer, der Abstand größer, schließlich wenden sie sich voneinander ab und schwimmen auseinander.

Diese Form der Balz beobachtete ich in den Oberlausitzer Teichen, teilweise ohne das Scheinputzen, zu mehr als 90%.

Balz auf offenem Wasser mit Pflanzenmaterial. „Zunächst tauchen beide Partner nach Pflanzenteilen, schwimmen dann ausgestreckt mit den Pflanzenteilen im Schnabel aufeinander zu, richten sich mit fast berührenden Schnäbeln gegeneinander auf. Mit dem Körper, zur Hälfte aus dem Wasser aufragend, stehen sie sich gegenüber, während die Köpfe nur gewendet (nicht geschüttelt) werden. Schopf und Kragen sind natürlich gesträubt. Die nächste Erregungsstufe wird erreicht, wenn sich die Taucher, heftig mit den Füßen tretend, immer höher aus dem Wasser erheben und sich die Köpfe fast berühren. Diese Form der Balz klingt aus, indem die Taucher die Pflanzenteile fallenlassen, auf das Wasser zurücksinken und auseinanderschwimmen" (Moll 1955). Balzdauer etwa 50 bis 60 Sek., Stimmen wie bei voriger.

Tauchbalz — Entdeckungszeremonie. Ein Partner taucht.

schwimmt unter Wasser unter oder neben seinem Geschlechtspartner vorbei und kommt einige Meter von diesem wieder an die Wasseroberfläche, richtet sich steil empor (ghostly-penguin), wendet sich um und schwimmt in dieser Haltung wassertretend zum Gatten hin, der gleich zu Anfang die Katzenstellung eingenommen hatte. Diese Balzzeremonie kann mit verschiedenen Balzelementen beendet werden (Pinguin-Tanz, Kopfschütteln, Scheinputzen).

B a l z a n u n d a u f d e m N e s t (Paarungsbalz) (Abb. 50, 51, 52). Diese Balzhandlungen führen, wenn sie nicht unterbrochen werden, stets zur Kopulation. Ich beobachtete sie nur wenige Male. Nach M o l l (1955) soll sie aber „zweifellos die häufigste" sein. Die für diese Balzform benutzten Nester (Plattformen) sind flache Gebilde von 5 bis 10 cm Höhe, deren Oberfläche bei Benutzung durch die Taucher dann nicht selten bis zum Wasserspiegel herabsinkt. Eines dieser Balznester — falls mehrere im Territorium sind — wird später bis zur für das Brüten nötigen Größe ausgebaut.

Das Weibchen liegt flach auf dem Nest, den Hals lang vorgestreckt, den Kopf waagerecht fast auf dem Wasser haltend. In dieser Haltung verharrt es oft bis zu einer Viertelstunde (Einladungshaltung), solange sich das Männchen in einem Abstand von über 2 m aufhält. Wird die Entfernung kürzer, „erhebt sich das Weibchen, beugt den Kopf seitlich, wendet ihn nach unten und schüttelt den ganzen Körper". Dabei werden Schopf, Kragen und Rückenfedern gesträubt. Das Männchen reagiert auf die Bewegungen des Weibchens je nach Stimmung unterschiedlich. Das Männchen kommt jedoch sofort nach dem Vertreiben eines fremden Männchens in Balzstimmung. Es legt sich dann hinter das Weibchen und wendet sich hin und her. Nach etwa 20 Sek. hören die Wendungen auf und die Kopffedern werden gesträubt, der Schnabel leicht geöffnet und es ruft *„aööööö — aööööö"*. Sind nun weitere 20 bis 30 Sek. vergangen, springt das Männchen auf das Weibchen und vollzieht ohne sichtbare Tretbewegungen die 5 bis 7 Sek. dauernde Kopula. Während der Begattung steht das Männchen mit leicht gekrümmtem Körper und Hals, nach unten gehaltenem Kopf, mit geöffnetem Schnabel und gesträubtem Schopf auf dem Weibchen. Jetzt ruft es heftiger und in rascherer Folge *„aööööö"*. Dann gleitet das Männchen über den Kopf des Weibchens auf das Wasser, während das Weibchen den Kopf hebt. „Beim Auftreffen auf den Wasserspiegel führt das Männchen schnelle tretende, weithin vernehmbare Bewegungen aus. Entweder bleibt es nun mit dem Rücken zum Weibchen liegen oder es wendet sich demselben zu, um eine kurze Nachbalz auszuführen, indem beide mit gesträubten Kopffedern die Köpfe wenden. Die Nachbalz verläuft stumm."

Von S i m m o n s (1955) wird noch eine Entdecker- oder Tauchbalz (Discovery-Ceremonie) beschrieben, die, wie auch beim Rothalstaucher, deutlichen Aggressiv- und Drohcharakter enthält.

Abb. 50—52. Paarungsbalz vor, während und nach der Kopulation

Wie die Balz auf offenem Wasser ohne Pflanzenmaterial verschiedenartig ausgeführt wird, zeigen Beispiele einiger Protokollzusammenfassungen balzender Paare in meinem Kontrollgebiet:

Nach Verjagen eines vorüberschwimmenden fremden Exemplars: Aufeinander zuschwimmen — gegenüberstellend aufrichten — kopfschütteln — kopfwenden — scheinputzen — (gleichzeitig einsetzende *„kröckkröckkröck"*) — wieder aufrichten — kopfwenden < wegschwimmen / wegschwimmen

Nachdem ein fremdes Paar vorüberschwamm: Aus dem Putzen gegenüberstellend aufrichten — *„kröckkröckkröck"* — kopfschütteln — kopfwenden — putzen (Diese Balzfolge wiederholte sich kurz hintereinander dreimal!)

Ohne erkennbaren Anlaß: Aufeinander zuschwimmen — *„kröckkröckkröck"* — kopfschütteln < wegschwimmen / wegtauchen

12.3. Balzbeginn

Wie aus einigen Literaturmitteilungen zu ersehen ist, zeigt der Balzbeginn im Frühling zum Teil starke physiologische Abhängigkeit, d. h. die Balz setzt kurz vor oder nach abgeschlossener Ausbildung des Prachtkleids ein. Suetens (1960) beobachtete bereits am 30. 1. 1960 bei Hofstade/Belgien ein im Prachtkleid befindliches Ex. bei der intensivsten Balzform, nämlich die, die den Pinguintanz enthält. Der Partner war noch im Übergangskleid. Auch Hauri (1962a) schreibt von Balzhandlungen eines weitgehend im Brutkleid befindlichen Paares, die am 14. 2. 1961 auf dem Dittligsee bei Thun/Schweiz ausgeführt wurden. Doch das Ende des Anlegens des Brutkleides kann nicht der einzige Auslöser (Auslösezeitpunkt) sein. Es wurden bereits Balzelemente (Kopfschütteln) von Jungen beobachtet, die das Jugendgefieder trugen. Außerdem tragen die im Oberlausitzer Raum eintreffenden Haubentaucher fast ausnahmslos das vollausgebildete Prachtkleid und balzen anfangs trotzdem noch nicht. Die ersten Balzhandlungen beobachtete ich bisher 1 bis 14 Tage nach deren Ankunft. Zu ähnlichen Ergebnissen gelangte Groebbels (1958) am Möllner See. Er notierte:

Erstbeobachtung	erste Balz	Tage zwischen Ankunft und Balz
1. 4. 1955	1. 4. 1955	0
19. 3. 1956	31. 3. 1956	12
7. 2. 1957	14. 3. 1957	35

Es hängt wohl auch stark vom Vorhandensein zweier Geschlechter ab. Denn immer dort, wo zwei Vögel (Paare?) gleichzeitig auf einem Teiche ankamen, konnte bereits am nächsten Tag Balz beobachtet werden. Dagegen beginnt das Balzen der Taucher auf Teichen, wo sie einzeln ankommen, immer erst nach einigen Tagen. Eine Balz einzelner Haubentaucher, wie wir sie von den Singvögeln (Gesang) kennen, beobachtete ich bei dieser Tierart noch nicht.

Sehr wahrscheinlich müssen sich auch erst zwei Taucher verschiedenen Geschlechts schon aneinander gewöhnt haben, sozusagen bereits ein Paar sein, ehe die im Kap. 12 aufgeführten Balzformen ausgeführt werden. Dies konnte ich besonders deutlich im Frühling 1971 beobachten. Nach der Erstbeobachtung am 27. 3. balzte am 28. 3. das einzige auf dem Deutschbaselitzer Großteich anwesende Paar. Auf dem Biehlaer Großteich hingegen kamen sämtliche Haubentaucher unverpaart an. Ich sah sie in den folgenden Tagen auf diesem Teiche zwar oft zu zweit nebeneinander schwimmen, aber sonst nur wechselseitige Jagereien. Erst am 15. 4. bemerkte ich bei zwei Tauchern nach einer Verfolgungsjagd einsetzendes Balzen (Kopfschütteln).

Der allgemeine Balzbeginn hängt, wie Literaturhinweise bezeugen, auch von der geographischen Lage ab. In Großbritannien soll regelmäßig zu beobachtende Balz etwa Mitte Februar beginnen, in Belgien zwischen dem 25. 2. und dem 5. 3. (Suetens 1960). In der Oberlausitz findet man regelmäßig balzende Paare erst ab Anfang April.

12.4. Ende der Balztätigkeit

Im allgemeinen endet das Balzen mit Beginn der intensiven Bebrütung des Geleges. Bei Paaren mit Zweitbruten erfolgt vor dem Zeitigen des nächsten Geleges nochmals eifriges Balzen. Robien (1929) beobachtete im Dammschen See (bei Stargard) noch bis zum 20. 9. balzende Paare und betont, dies sei nichts Seltenes, weil viele Gelege und Nachgelege zerstört worden seien. Huxley (1924) sah in Großbritannien letztmaliges Kopfschütteln sogar erst am 14. 10.! Suetens (1960) bemerkte flüchtiges Kopfschütteln von Paaren „des alten Stammes", also bei Paaren, die kein erkennbares bzw. gar kein Ruhekleid anlegten, selbst zwischen November und Januar. Auch aus den Mitteilungen von Berndt (MS) geht hervor, daß Balzhandlungen — in Schleswig-Holstein — ganzjährig beobachtet werden können.

Wir sehen, die Frage nach dem auslösenden Faktor von Balzhandlungen vor Beginn der Brutzeit — oder überhaupt! — bedarf noch der Klärung.

12.5. Paarbildung und Paarung

Paarbildung und Paarzusammenhalt scheinen nicht nur lokal unterschiedlich zu sein, sondern zeigen vermutlich auch altersabhängige und eventuell individuelle Unterschiede. So schreibt Suetens (1960), daß die Bindung der älteren Paare seines Beobachtungsgebiets bei Hofstade/Belgien auch im Winter nicht völlig aufgelöst wird. Die Altvögel halten dort auch nach dem Verschwinden der Jungen zusammen. Die zusammenhaltenden Paare zeichnen sich deutlich gegenüber den dort noch vorhandenen Durchzüglern bzw. Wintergästen ab: Sie besitzen ihr kombiniertes Brut-Übergangskleid (siehe Kap. 3.3.2.!), während die anderen, nicht gepaarten Tiere meist ein komplettes Winterkleid tragen.

Bei den nicht ganzjährig am Brutort verbleibenden Paaren kann nicht gesagt werden, ob — ältere? — Paare über mehrere Jahre oder zeitlebens zusammenhalten, da ein eventueller Zusammenhalt während des Zuges und im Winterquartier nicht kontrolliert werden kann. Die Beobachtungen H a u r i s (1962a, 1962b und 1967) aus der Schweiz sprechen gegen ein solches Zusammenhalten. Bei je einem in drei Brutperioden unter Kontrolle stehendem Paar auf dem Dittligsee zogen die Altvögel, obwohl teils noch die Jungvögel bettelten, stets getrennt zu unterschiedlichen Terminen weg. Zu gleichen Ergebnissen führten die Beobachtungen von K u n z (1963). Selbst die an mehreren Jahresbruten beteiligten Vögel, die sehr früh zur Brut schritten und daher wohl als ältere Tiere angesprochen werden können, kehrten einzeln ins Brutgebiet zurück.

Da aber häufig auch von gepaart eintreffenden Haubentauchern berichtet wird, was jeder Beobachter bestätigen kann, liegt die Vermutung nahe, daß sich zumindest ein Teil der Taucher bereits im Winterquartier verpaart.

Die Haubentaucher der Oberlausitzer Teichgebiete paaren sich zum überwiegenden Teil erst im Brutgebiet.

Wie die eigentliche Paarbildung vor sich geht, kann nicht exakt angegeben werden. Kennzeichnend für das Verhalten der ungepaarten Taucher in dieser Periode ist ihr Aufenthalt auf freier Wasserfläche, stets mehr als 50 m von der Vegetationszone entfernt (Oberlausitzer Verhältnisse). Sie zeigen anfänglich große gegenseitige Aggressivität. Es ist schwer zu erkennen, ob sich die Angriffslust zu dieser Zeit nur gegen das andere Geschlecht oder auch gegen das eigene richtet. H a u r i (1967) beobachtete bei zwei später ein Paar bildenden Tauchern am Anfang ebenfalls ausgeprägtes Aggressivverhalten. Er bemerkte bei diesen Vögeln aber bereits nach wenigen Tagen eine gegenseitige Gewöhnung, an die sich nach 5 Tagen des Kennenlernens die erste schwache Balz anschloß. Wie beim Rothalstaucher (W o b u s 1964a) wird sich wahrscheinlich auch bei dieser Art die Paarbildung im Verlauf des Aneinandergewöhnens vollziehen.

Die Haubentaucher in meinem Beobachtungsgebiet können im Vorfrühling leider nicht über einen längeren Zeitraum hinweg fortlaufend beobachtet werden, da die gegenseitigen Jagereien einen enormen Umfang annehmen und vielfach unter Wasser fortgesetzt werden, so daß der Beobachter einzelne Exemplare nicht ständig verfolgen kann.

12.6. Kopulation

Die Begattung ist Teil einer Balzzeremonie (siehe S. 62). An dieser Stelle sei nur noch auf die überraschend große Ähnlichkeit der Paarungszeremonie von Haubentauchern und Rothalstauchern (siehe Wobus 1964a!) hingewiesen.

12.7. Eintritt der Geschlechtsreife

Wie die Untersuchungen von Hofer und Sutter (1965) an zwei Weibchen zeigen, werden die — weiblichen! — Haubentaucher mit großer Wahrscheinlichkeit bereits in dem auf die Geburt folgenden Frühling, also mit knapp einem Jahr, geschlechtsreif. Ein am 21. 8. 1963 untersuchtes Weibchen hatte einen 34 × 17 mm großen Eierstock, dessen größte Follikel 5 mm maßen. Der Eileiter war so breit und so stark gefaltet wie bei Altvögeln in der Rückbildungsphase der Geschlechtsorgane am Ende der Fortpflanzungsperiode. Daraus wird abgeleitet, daß dieses Ex. bereits ein Gelege gezeitigt haben könnte. Ein zweites Weibchen, das am 8. 5. 1965 etwa 10 Monate alt war, enthielt einen 33 × 16 mm großen Eierstock, der 5—6 mm große Follikel enthielt. Auch hier war der Eileiter bereits auf 8,5 mm geweitet. Dieses Exemplar hätte also vermutlich wenige Wochen später ein Gelege gezeitigt. Für Männchen liegen noch keine entsprechenden Ergebnisse vor.

13. Der arteigene Gegner

Neben den Balzhandlungen nimmt das antagonistische Verhalten zum Rivalen während der Balz- und Brutzeit und zum Teil auch noch während der Jungenführungszeit einen bedeutenden Raum ein. Einige Balzelemente treten hier in sehr ähnlicher Form wieder auf. Da sie auch zu Beginn der Geschlechtspartnerwahl ausgeführt werden, kann das Sexualverhalten vermutlich aus dem Aggressivverhalten abgeleitet werden.

13.1. Das Drohverhalten

Das Vorwärtsdrohen (verwijderde dreighouding, Suetens 1960; forward-display, Simmons 1955). Der Hals wird — mit Schnabelspitze nach vorn — lang über das Wasser ausgestreckt, Kragen und Kopffedern werden in der Erregung aufgerichtet und das Rückengefieder wird meist gesträubt. Dabei ruft der drohende Taucher mit tiefem „*Aorrr — aorrr*". In dieser Haltung schwimmt er auf seinen Rivalen zu (higher intensity, Simmons 1955) (Abb. 53). Ist der Rivale noch weit entfernt und entschließt er sich zu sofortiger Umkehr, unterbleibt in der Regel eine weitere Annäherung an den Fremdling, und der Droher

Abb. 53. Haubentaucher vorwärtsdrohend, hochintensiv

schwimmt wie unschlüssig mehr oder weniger auf einer Stelle hin und her oder auch in größerer Entfernung am Feind vorüber, lediglich der Kopf wird seitlich nach dem Gegner gerichtet (lower intensity) (Abb. 54). Das Rückengefieder ist in dieser Phase nicht mehr gesträubt, die Rufe werden kürzer und mehr nasal.

Bleibt der Fremdling aber am Platz, schwimmt der Drohende weiter auf ihn zu und geht schließlich, wenn die Entfernung nicht mehr groß ist, bei Flucht des Fremden zum Angriff über.

D a s S c h e i n - o d e r D r o h t a u c h e n (token-diving). Behauptet der Fremdling seinen Platz, dann kann man in dieser Konfliktsituation zwischen Angriff und Fluchtverhalten gelegentlich das Drohtauchen sehen. Der Taucher verschwindet in Richtung des Gegners rasch unter Wasser, als wolle er einen Unterwasserangriff ausführen, kommt aber ausnahmslos nach sehr kurzer Zeit an der Tauchstelle — oder unweit von derselben — wieder hoch und nimmt nun erneut die Drohhaltung ein. Da den Bedrohten in seinem Nicht-Nachgeben-Wollen häufig gleiche Konflikte beherrschen, führt dieser nicht selten die gleiche Handlung aus: beide drohtauchen dann also gegeneinander!

Auch hier zieht meist eine Wendung, die Flucht des einen den Angriff des anderen nach sich.

D a s N a h d r o h e n (najie dreighouding, S u e t e n s). Haben sich zwei gleich „streitsüchtige“ Rivalen auf geringe Distanz genähert, kann es zum Nahdrohen kommen. Beide Vögel schwimmen in unmittelbarer Nähe, Brust gegen Brust gewendet, den Hals senkrecht gehalten, Haube und Kragen gespreizt, den Schnabel leicht schräg abwärts geneigt, aufeinander zu. Bei Annäherung auf etwa 10 cm blieben zwei, wie ich einmal beobachtete, wie unschlüssig „stehen“, blickten nach kurzem Kopfwenden aneinander vorbei und schwammen zuerst je ein kleines Stück rückwärts, dann wendeten sie und nahmen die Normalhaltung ein. Es sah aus, als habe ein Kampf stattgefunden, bei dem es weder Sieger noch Verlierer gab (Abb. 55).

Abb. 54. Haubentaucher vorwärtsdrohend, mit geringer Intensität

Abb. 55. Nahdrohen

K a t z e n s t e l l u n g. Die auch zu den Balzelementen gehörende Katzenstellung (siehe S. 60) finden wir als Drohverhalten wieder. Sie wird arteigenen Gegnern, vor allem aber Feinden gegenüber eingenommen (siehe Kap. 14).

13.2. B e s c h w i c h t i g u n g s v e r h a l t e n

Es geht aus dem Nahdrohen hervor. Sobald bei einem der Rivalen die Furcht zu überwiegen beginnt, läßt er den Hals sinken, gelegentlich begleitet von einem Kopfschütteln (S u e t e n s 1960). Durch diese Unterlegenheitsgeste soll der in unmittelbarer Nähe befindliche Gegner besänftigt werden. Nach langsamem Wenden und Wegschwimmen läßt auch das Nahdrohen des „Siegers“ nach.

13.3. A n g r i f f s v e r h a l t e n

Es sind zwei deutliche Angriffshandlungen, wenn man das bloße Aufeinander-Zuschwimmen unbeachtet lassen will, zu unterscheiden: der Überwasser- und der Unterwasserangriff.

D e r Ü b e r w a s s e r a n g r i f f (Abb. 56). Der Taucher schwimmt, ohne oder nach vorangegangenem Ferndrohen, fluglaufend auf seinen Gegner los, was letzterer kurz vor dessen Ankunft meist mit Untertauchen quittiert.

Abb. 56.
Überwasserangriff

Der Unterwasserangriff. Echte Unterwasserangriffe entwickeln sich nach meinen bisherigen Beobachtungen stets aus der Verfolgung heraus. Er kann sofort aus dem Überwasserangriff hervorgehen, meist aber aus einer Schwimmverfolgung. Da die Schwimmgeschwindigkeit unter Wasser größer ist als über Wasser, versucht der Verfolger den Feind durch Untertauchen und Unterwasserschwimmen rascher zu erreichen. Aus dieser Annäherungsbewegung heraus versucht er den Rivalen von unten her mit dem Schnabel zu treffen. Häufig handelt es sich dabei um einen Überraschungsangriff, bei dem der Betroffene, wie Wobus (1964a) so treffend schreibt, „wohl mehr aus Schreck direkt in die Höhe springt und erst einmal ein Stück flüchtet".

Suetens (1960) beobachtete diese Unterwasserangriffe nicht nur gegen den arteigenen Gegner gerichtet, sondern u. a. auch gegen Gänsesäger, Bleßrallen, „Wild"enten und sogar gegen Silbermöwen.

Ein von mir am 28. 5. 1971 beobachteter Unterwasserangriff endete nicht nur mit einem Schnabelstoß, sondern der Angreifer biß den inzwischen ebenfalls getauchten Verfolgten ins Nackengefieder, tauchte mit ihm nur soweit auf, daß beide Köpfe die Wasseroberfläche überragten und schob den mit *„ööö — ööö"* klagenden Eindringling bis zur Reviergrenze vor sich her. Erst hier, nach etwa 30 m Kopf-über-Wasser-Schwimmen, ließ er ihn los und kehrte um. Auf das Klagen hin näherte sich jetzt der Partner des „Hinausgeworfenen" in Ferndroh-Haltung.

13.4. Der Kampf

In meinem Oberlausitzer Beobachtungsgebiet konnte ich noch nie kämpfende Taucher sehen, obwohl sie manchmal ziemlich „beengt" leben und deshalb eigentlich häufig Streitigkeiten zu erwarten wären. Ich folge hier deshalb den Ausführungen Simmons (1955). Er beschreibt den Kampf, bei dem es vermutlich um Nistplätze geht, folgendermaßen:

Zwei Männchen stehen in einigen Fuß Entfernung in Kampfhaltung (Nahdrohen) gegenüber. Gelegentlich wird dabei auch Scheintauchen (Drohtauchen) beobachtet. Dann bewegen sich die Rivalen anscheinend gleichzeitig auf den Gegner zu und klatschen Brust an Brust zusammen. In dieser Haltung verbleiben sie und versuchen, den Feind mit dem Schnabel zu stechen. Außerdem beabsichtigen beide, den jeweiligen Gegenüber niederzubekommen. Die Flügel können dabei locker und offen gehalten werden, werden aber nicht als Kampforgane benutzt. Gewöhnlich gelingt es einem dann endlich, den anderen unter Wasser zu zwingen. Dieser versucht nun, einen kräftigen Wasserwirbel erzeugend, wieder an die Oberfläche zu kommen.

Einen ernsten Zwischenfall beschreibt Simmons (1955) so: Zwei Paare — Revierbesitzer und Eindringling — treffen sich außerhalb der Pflanzenzone. Keines der Männchen zieht sich zurück. Sie beäugen sich allem Anschein nach scharf, den Hals hochgereckt, leicht nach hinten gehalten, den Kragen deutlich gesträubt, den geöffneten Schnabel leicht nach unten gehalten (Nahdrohen) und rufen mit gewöhnlichem *„gghh-aaarr"*. Dann kann der Kampf jeden Moment ausbrechen. Verliert einer plötzlich die „Nerven", beginnt er mit Kopfschütteln und Gefiederputzen (Scheinputzen?) und gibt die starre Haltung auf. Führt der noch in starrer Haltung befindliche Gegner keine Bewegung aus, zieht er sich langsam zurück.

Bisher wurden keine aus Kampfhandlungen stammenden Todesfälle nachgewiesen. Doch Simmons (1955) glaubt, Indizien dafür zu haben: Er fand auf einem kleinen, mit einem Paar besetzten Teiche einen Toten mit einer kleinen, aber tiefen Wunde am Hals, die durch einen Schnabelstich hervorgerufen worden sein konnte. Es paßte nämlich der Schnabel des toten Tauchers in die Wunde.

13.5. Die Flucht

Als Umkehr des Angriffs können wir ganz ähnliche Äußerungen als Fluchthandlungen erkennen. Das Wegschwimmen von einem Gegner stellt eine unmißverständliche Fluchthandlung dar. Es wird bei größerer Distanz zum stärkeren Angreifer benutzt. Die innerartlichen Beziehungen benachbarter Paare sorgen dafür, daß, wenn sich ein Taucher nicht zum Kampf stellen will, das Wegschwimmen meist bei geringerem gegenseitigem Abstand einsetzt.

Die Fluglauf-Flucht wird vor allem dann ausgeführt, wenn dem Verfolgten eine „Rettung" durch Wegschwimmen oder Wegtauchen vor dem Verfolger keinen Erfolg mehr verspricht.

14. Das Verhalten zu anderen Vogelarten

Die Aggressivität gegenüber anderen Wasservogelarten unterliegt nach Mc Cartan und Simmons (1956) beträchtlichen Schwankungen. Allgemein kann gesagt werden, daß die zwischenartliche Angriffslust nicht besonders stark entwickelt ist. Während meiner Tätigkeit in den Oberlausitzer Teichen gelangen mir nie Beobachtungen von Droh- oder Angriffsverhalten gegen andere Wasservögel. Die Taucher tolerierten auch nur wenige Dezimeter neben ihrem Nest vorüberschwimmende Bleßrallen. Mit ihnen lebt er sogar in unmittelbarer Brutnachbarschaft. Die geringste Entfernung zwischen zwei Nestern beider Arten maß ich, wie auch Kornowski (1957), mit 2 m. Die Duldsamkeit liegt auch durchaus auf seiten der Bleßrallen. Andererseits teilen Harrisson und Hollom (1932) das Zerstören von Haubentauchereiern durch Bleßrallen mit, wodurch ersteren erheblicher Schaden zugefügt wird. Bei Zunahme der Bleßrallen soll es daher zu einer Abnahme der Haubentaucher kommen.

Bei mehreren von mir gefundenen benachbarten Haubentaucher-Bleßrallennestern notierte ich eine sekundäre Ansiedlung des Haubentauchers. Dagegen bemerkte ich noch nie den umgekehrten Fall, so daß man den Eindruck gewinnt, der Haubentaucher suche die Nachbarschaft der Bleßralle, worauf schon Onno (1960) und Wobus (1964a) hinwiesen.

Brutnachbarschaft mit dem Rothalstaucher kenne ich nicht. Dies liegt wohl mehr an den unterschiedlichen Biotopansprüchen beider Arten (Wobus 1964a). In der Oberlausitz findet man nur ganz selten einmal einen Teich, wo beide Arten brüten. Hummitzsch (briefl.) dagegen fand in einer 17 Nester umfassenden Haubentaucherkolonie ein Rothalstauchernest ohne auffallend anderen Abstand. Von Schleswig-Holstein kennt Berndt (MS) Fischteiche, wo Hauben- und Rothalstaucher gemeinsam brüten, wobei der Haubentaucher stets in der Minderzahl auftritt. „Nur auf Fehmarn brüten beide Arten in beachtlicher Zahl nebeneinander."

Der Haubentaucher duldet auch den Zwergtaucher in seiner Nachbarschaft. 1970 fand ich zwei nur 4 m voneinander entfernte Nester. Beide brütenden Vögel konnten sich in der spärlichen Vegetation ständig sehen.

Trotzdem die Rohrweihe sein Feind — ein Vernichter der Gelege — ist, meidet der Haubentaucher weder die unmittelbare Brutnachbarschaft noch ein Brüten in sehr niedriger und spärlicher Vegetation. Allerdings stehen die Haubentauchernester doch nicht ganz so nah an Rohrweihenhorsten wie bei den oben genannten anderen „ungefährlichen" Arten. Ich maß als geringste Entfernung 10 m.

Der Haubentaucher meidet durchaus nicht den Lärm und die ewige Unruhe der Lachmöwenkolonien. Vermutlich sucht er deren Nähe wegen des besseren Schutzes gegen Eierräuber sogar aktiv auf. Schuster (1941) fand im Drausensee an zwei Stellen die Nester auffallend kranzförmig um eine Lachmöwenkolonie. Onno (1960) und Rutschke (1964) bestätigen die Vorliebe für das Brüten in bzw. am Rand von Möwenkolonien. Auch ich fand am 9. 6. 1969 ein Haubentauchernest am Rand einer Lachmöwenkolonie. Es enthielt drei schlupfreife Eier und drei Junge. Die nächsten Möwennester standen nur 80 cm bis 1 m entfernt und enthielten bereits Junge. Drechsler (1954) fand im Umkreis von 7 m um ein Höckerschwannest 8 Haubentaucher- (und 4 Bleßrallen-) nester. Auch das kann kein Zufall sein. Größere Sicherheit in der Nähe des Schwanenpaars wird wohl auch hier die Ursache für die Brutplatzwahl gewesen sein.

Auch die in der Oberlausitz zunehmenden Mastentenhaltungen veranlassen ihn im allgemeinen nicht zur Aufgabe des Brutplatzes. Nikkel (briefl.) fand 1968 ein Nest völlig freistehend „etwa 60 m vom normalen Schilfgürtel entfernt. Obwohl gerade dort eine Entenmaststelle war, konnten 3 Junge großgezogen werden".

Zum Schutze des Geleges gegen fliegende Feinde (Rohrweihen und

Krähen bei zu großer Annäherung) nimmt der brütende Vogel die der Einschüchterung dienende Katzen-Stellung je nach Gefahrenstufe in unterschiedlicher Intensität ein. Die Palette reicht dann vom mit dem Schnabel zum Feind zeigenden bloßen Aufrichten der Kragenfedern und Kopffedern bis zur höchsten Intensitätsstufe, den schwanenartig angehobenen gebreiteten Flügeln. Gleiches Verhalten sah ich auch vom Schwarzhalstaucher, der gegen eine fast im Hackabstand brütende Lachmöwe mit geöffnetem Schnabel und gebreiteten Flügeln drohte.

15. Revier und Revierverhalten

Mc Cartan und Simmons (1956) definieren das Revier des Haubentauchers als „ein Gebiet, das den Nistplatz einschließt und das vom Paar mindestens im ersten Abschnitt der Brutzeit verteidigt wird".

Nice (in Simmons 1955) unterscheidet vier verschiedene Reviertypen:

Typ A: Das Revier dient der Balz, Brut, Nahrungssuche und zur Jungenaufzucht.

Typ B: Das Revier dient der Balz und der Brut. Die Nahrung wird teilweise oder ausschließlich außerhalb des Reviers aufgenommen.

Typ C: Das Revier dient nur der Paarbildung.

Typ D: Das Revier ist auf die nächste Nestumgebung beschränkt (vor allem in arteigenen Kolonien).

Über das Revier und über das Revierverhalten haben besonders Harrisson und Hollom (1932), Huxley (1914), Simmons (1955), Mc Cartan und Simmons (1956) sowie Venables und Lack (1934 und 1936) in Großbritannien derart umfangreiche Studien betrieben und veröffentlicht, daß wohl nur bei intensivster Arbeit neue Ergebnisse in dieser Richtung zu erwarten sind. Im folgenden soll deshalb der Versuch unternommen werden, einen Überblick über diese vielschichtige Problematik zu geben.

15.1. Besetzen eines Reviers

Die Haubentaucher verbleiben in manchen klimatisch günstigen Gebieten im Brutterritorium, zu dem die Bindung selbst im Winter nicht völlig verlorengehen soll (Suetens 1960: Hofstade/Belgien). In den meisten anderen Gebieten Mitteleuropas und Nordeuropas kehren sie häufig gepaart in ihre Brutgebiete zurück. Doch sie schwimmen dann vom ersten Tag an auf freier Wasserfläche, ohne Bindung an einen bestimmten Bereich des Gewässers.

Ein Revier oder Nistplatz wird erst gewählt, wenn ein Paar unmittelbar vor dem Zur-Brut-Schreiten steht. Paar nach Paar zieht sich dann an eine gewählte Stelle des Vegetationsgürtels zurück und hält sich nun vorwiegend hier auf.

Dabei beobachtete ich, daß von den zuerst zur Brut schreitenden Paaren, die die größte Auswahl beim Suchen und Besetzen eines Reviers — oder Nistplatzes — haben, nicht immer die nach menschlichem Ermessen guten Schutz bietenden Altschilfbestände gewählt werden, sondern manchmal ein von mehreren Uferseiten gut überblickbares, infolge niedriger Vegetation wenig Deckung bietendes Gebiet.

Die Wahl und Inbesitznahme eines Reviers (Brutplatzes) geht zuweilen recht schnell vonstatten, wie Wagners (1961) Aufzeichnungen zeigen. Eine Fläche im Windischleubaer Speicherbecken erwies sich am 28. 3. noch als trocken, hatte aber schon am 29. 3. eine Wassertiefe, die der spätere Neststandort besaß. Hier baute bereits am 1. 4. ein Paar!

Während der Untersuchungen in meinem Kontrollgebiet kam es von Jahr zu Jahr zum häufigen Wechsel der für die Art zum Brüten geeigneter Teiche. Bei der Ergründung dieses Tatbestands erwies es sich, daß für die Wahl eines Reviers auf einem Teich der vorhandene, für den Haubentaucher nutzbare Fischbestand (vor allem Stichlinge, Ukelei, Schleien, aber auch einsömmrige Karpfen) ausschlaggebend war.

15.2. Verteidigung des Reviers

Sobald sich die Partner für eine Stelle im wassernahen Rande des Vegetationsgürtels entschieden und auch sogleich mit dem Bau der ersten Plattform begonnen haben, werden beide Seiten am Rand des Pflanzengürtels gegen arteigene Eindringlinge verteidigt. An diesen Grenzgefechten beteiligen sich beide Partner. Das Weibchen hält sich allerdings immer hinter dem Männchen auf, folgt ihm also eigentlich nur. Ist kein Männchen in der Nähe, dann räumt das Weibchen das Feld kampflos (Moll 1955).

In der Vegetationszone selbst und auch nach der offenen Wasserseite hin finden keine Revierstreitigkeiten statt.

Da Paare gelegentlich zwei oder mehrere Nistplätze auswählen und Nester — wohl Begattungsplattformen, d. Verf. — angelegt werden, verteidigen diese Paare — oder Männchen — sogar zwei getrennte Territorien (Bauer und Glutz 1966).

Da zu dieser Zeit aber auch noch Partnerverteidigungen stattfinden, überlagern sich die Verhaltensweisen und komplizieren das Bild der Territorialverteidigung.

Andererseits kann man aber auch erleben, daß Einzelvögel oder auch Paare sich in unmittelbarer Nähe des Nestes eines anderen Paares aufhalten können, ohne vertrieben zu werden.

Das Territorialverhalten hängt also wohl doch außerordentlich stark von der unterschiedlichen Aggressivität der Individuen ab. Ob das Alter der Vögel das Verteidigungsverhalten beeinflußt, ist ungewiß. Wenn jedoch frühes Brüten auf höheres Alter schließen läßt, wie verschiedentlich angenommen wird, dann könnte ein Zusammenhang bestehen. Das

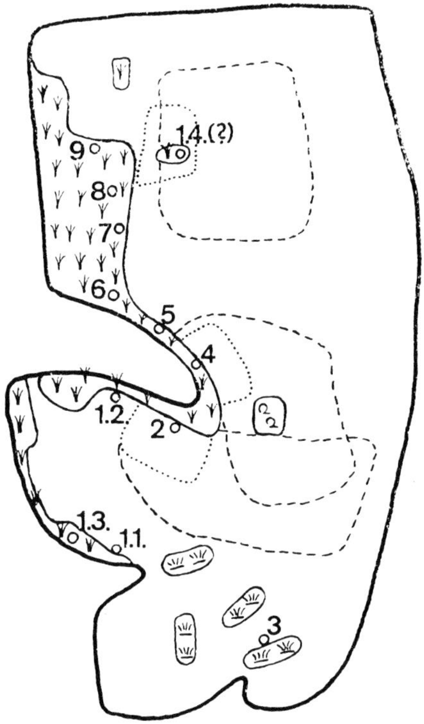

Abb. 57. Reviere im Biehlaer Großteich, 1971. . . . . . . Brutreviere der unter ständiger Kontrolle stehenden Paare 1.4, 2 und 4, - - - - - - - Nahrungsreviere dieser drei Paare, die zum Teil gemeinsam genutzt wurden (Fischschwärme!)

in meinem Kontrollgebiet am frühesten brütende Paar (2) war auch das aggressivste. Das Männchen verteidigte ein fest umrissenes Gebiet (siehe Abb. 57!) gegen Artgenossen selbst noch zu der Zeit, als die Jungen schlüpften.

In Kolonien schließlich verwischen sich die Grenzen zwischen den Brutpaaren stark. Die Territorien werden weitgehend auf die nächste Nestumgebung reduziert. Streitereien zwischen sehr nahe brütenden Paaren kommen dann nicht vor (M o l l 1955). Die Verteidigungsgrenzen liegen nach M o l l (1955) nur 4 bis 6 m vom Nest entfernt.

15.3. Zur Funktion des Reviers

Durch das sehr unterschiedliche Territorialverhalten der Haubentaucher ist es schwer, genaues über die Funktion des Reviers zu sagen. Manche „klassischen" Funktionsbegriffe können nicht allgemein auf das Haubentaucherrevier angewendet werden. Das zeigen bereits die zu Anfang des Kapitels genannten vier Reviertypen.

In seiner reduziertesten Form, die in der Kolonie auftritt, hat es eben nur noch die Aufgabe, dem Paar einen für das Erbrüten von Jungen dienenden Platz zu sichern (Reviertyp C). Deshalb scheint der Reviertyp A, der die klassische Form darstellt, für die Arterhaltung nicht unbedingt notwendig zu sein. Bauer und Glutz (1966) schreiben der Reviergröße eine entscheidende Funktion zu: Große Reviere führen zu guten Bruterfolgen und enthalten die meisten Zweitbruten. Kleine Reviere ergeben geringe Bruterfolge.

15.4. Die Reviergröße

Beim Haubentaucher kann man keine allgemeingültigen Angaben über ein Normalrevier machen. Die Reviergröße ist, worauf besonders Mc Cartan und Simmons (1956) hinweisen, ungemein variabel. Die beiden Autoren geben — soweit es sich überhaupt um Reviere handelt — eine Größe zwischen 0,3 und 8,5 ha an. Bauer und Glutz (1966) nennen durchschnittlich 50 m Schilfsaum, ins Schilf und auf die Wasserfläche nur ein kleines Stück. Ein von mir beobachtetes Paar (Männchen) verteidigte eine 100×40 m große Wasserfläche (0,4 ha). Dieses Paar wäre ohne weiteres in der Lage gewesen, sein Gebiet noch weiter auszudehnen, da noch genügend „unbesetzte" Schilfzone vorhanden war.

Spätankömmlinge müssen sich auf von Haubentauchern gut besetzten Gewässern zwischen die vorhandenen Paare einschieben und können dann nur noch kleine Territorien erobern (Bauer und Glutz 1966).

Vergleicht man die bisherigen Ergebnisse von Revieruntersuchungen, wird deutlich, daß die Verteidigung eines bestimmten Gebietes vor allem vom individuellen Verhalten der Paare und auch vom Angebot einer der Art entsprechenden Pflanzenzone abhängt. Der sonst bei vielen Vogelarten dominierende Faktor „Nahrungsangebot" scheint keinen Einfluß auf die Reviergröße zu haben. Auch Mc Cartan und Simmons (1956) schreiben, daß die bisherigen Beobachtungen darauf hindeuten, daß es keine direkten Beziehungen zwischen Futterversorgung in einem Gewässer und der Größe des von einem Paar beanspruchten Territoriums gibt.

16. Brutzeit

16.1. Das Nest

Wahl des Nistplatzes. Da erst die Wahl eines Nistplatzes die eigentliche Reviergründung einleitet und das Paar zu diesem Zeitpunkt das Gebiet zuerst stets gemeinsam aufsucht und zu verteidigen beginnt

— bis auf die Paare, die sehr tolerant sind —, kommt der Festlegung des Nistplatzes große Bedeutung zu. Wir kennen nicht die Voraussetzungen, die für die Wahl des Nestorts vorhanden sein müssen. Beide Partner wählen Plätze aus, die anfänglich recht unterschiedliche Standorte haben können. Männchen und Weibchen sieht man daher zu verschiedenen Plätzen Baumaterial tragen und aufschichten. Bisher gelang es mir aber noch nicht festzustellen, wer von beiden den endgültigen Ausschlag für eine Nestbenutzung, vor allem des späteren Brutnestes gibt. Wobus (1964a) erkannte beim Rothalstaucher einmal das Weibchen als platzbestimmenden Partner.

Neststand (Abb. 7–9). Reys (1905) Feststellung, „sie stehen immer, von der Wasserseite aus, nahe am Rande der Schilfbestände", kann wohl als Faustregel gelten. Dabei darf der Begriff Schilfrand nicht zu eng gefaßt werden.

In den Oberlausitzer Teichen fand ich die Nester manchmal direkt am Wasserrand der Pflanzenzone, so daß der brütende Vogel vom gegenüberliegenden Ufer zu sehen war, meist jedoch 1 bis 8 m in der Vegetation, gelegentlich noch 15 bis 20 m, in einem Fall sogar 60 m tief im Röhricht.

Bauer und Glutz (1966) bezeichnen völligen Freistand des Nestes für Europa als selten, für Asien jedoch als regelmäßig. Seit 1945 fand ich in den Oberlausitzer Teichen nur 3 Nester, die völlig frei zwischen submerser Vegetation schwammen. Eins davon (Abb. 9) stand knapp 1 m von einer Insel entfernt. Es saß auf dem Untergrund auf, während die anderen Nester durch die Unterwasserpflanzen am Wegtreiben gehindert wurden. Weitere freistehende Nester in Oberlausitzer Teichen nennen Zähr, Hummitzsch und Nickel (sämtliche briefl.). Hanzak (1952) zeigt ein Foto eines in Böhmen gefundenen, freischwimmenden Nestes. Auch Wobus (1964b) schreibt: „Nicht selten stehen die Nester auch fast völlig frei, an wenigen Halmen verankert".

Die Pflanzenart, in der die Nester angelegt werden, unterliegt vor allem den örtlichen Gegebenheiten. Die folgende Übersicht vermittelt einen Überblick über die Bevorzugung einzelner Pflanzenarten in verschiedenen Gebieten. Es standen

Autor	von Nestern	in *Phragmites*	*Typha*	*Scirpus*	*Carex*	*Acorus*	*Equisetum*
Hanzak (Böhmen) (1952)	52	7	39	—	2	3	1
Oelschlegel (Thüringen) (1970)	27	2	2	22	1	—	—
Melde (Oberlausitz)	80	62	12	6	—	—	—

Phragmites und *Typha* wachsen in den von Oelschlegel (1970) und Melde untersuchten Gewässern am häufigsten. Auch Wobus (1964b) nennt summarisch „geschlossene Typha- und Phragmitesstreifen, zum anderen sehr lockere Bestände von *Schoenoplectus* (= *Scirpus*)" als bevorzugte Neststandort-Pflanzenbestände.

In Gewässern ohne Überwasserpflanzen werden die Nester in flach auf dem Wasser aufliegenden oder überfluteten herunterhängenden Ästen von am Ufer wachsenden Bäumen angelegt (Jakobs 1971, Kooijmans 1942, Foto in Simmons 1965). Warncke (1961) fand 1959 an der mitteldänischen Nordseeküste auf angeschwemmtem Gras (!) Nester von 10 Paaren, an denen zu diesem Zeitpunkt zum größten Teil noch gebaut wurde.

Der Wassertiefe in der Nestumgebung kommt keine Bedeutung zu. Oelschlegel (1970) schreibt allerdings: „Am liebsten scheint ihm eine Wassertiefe von 1 m zu sein." Die Feststellung, daß der Haubentaucher eine ausreichende Wassertiefe ohne Deckung eher nutzt als umgekehrt, erklärt er so: „Er kann sich so verhalten, weil der erwachsene Vogel im Plothener Gebiet keine Feinde hat." Ob aber die ausreichende Wassertiefe die Wahl des Neststandorts veranlaßte, muß dahingestellt bleiben. In den Oberlausitzer Teichen konnte ich keine Bevorzugung tieferer Stellen erkennen. So baute das 1971 auf dem Biehlaer Großteich zuerst zur Brut schreitende Paar, obwohl es zu dieser Zeit noch tiefere Stellen mit dichter Vegetation noch wählen konnte, im 20 cm flachen Wasser. Oelschlegel (1970) maß die minimalste Wassertiefe an einem Nest mit 50 cm.

In den Westlausitzer Teichen, deren Wasserstand je nach Menge der Niederschläge starken jährlichen und auch kurzzeitigen Schwankungen unterworfen ist, übt die Wassertiefe in Nestnähe (oder in der zukünftigen Nestnähe) keinen erkennbaren Einfluß aus. Die Taucher bleiben trotz Sinkens des Wasserspiegels noch vor Beginn der Brutzeit auf den Teichen, die den größten Kleinfischbesatz aufwiesen.

Von 64 Nestern in den Westlausitzer Teichen standen

10	20	30	40	50	60	70	80 cm tief
1	6	4	8	26	14	4	1 Nester.

Es muß betont werden, daß die Wassertiefe am Schilfsaum in den Teichen der Oberlausitz meist zwischen 40 und 80 cm schwankt. Geeignete Niststellen von 1 m und mehr Wassertiefe finden sich nicht häufig.

Nur selten werden Nester auf festem Boden angelegt (Naumann 1905, Wangrin 1941). Nach Berndt (MS) fanden Krohn und Dietrich „eine größere Anzahl von Nestern" am Großen Plöner See „auf dem Trockenen, bis zu 3 m vom Wasser entfernt, auf den von Lachmöwen *(Larus ridibundus)* besetzten, dicht mit Brennesseln bewachsenen Inseln". 5 Nester standen sogar auf Weidenstubben.

Vom diesseitigen Ufer sind nur wenige Nester sichtbar. Meist befindet sich dazwischen eine sichtversperrende Vegetation. Schiermann (1927) schreibt Gegenteiliges. Er fand die Nester nach der Landseite zu, meist nur 3—4 Schritte vom Ufer entfernt.

Nestbau. Beim Nestbau finden wir wieder eine große Übereinstimmung mit dem des Rothalstauchers. Das bezieht sich sowohl auf die Begattungsplattformen als auch auf das spätere Brutnest.

Am Bau beteiligen sich beide Geschlechter. Sie beginnen damit meist 4 bis 8 Tage vor Ablage des ersten Eies (Onno 1960). Das Männchen zeigt eine größere Aktivität. Naumann (1905) behauptet das Gegenteil.

Zuerst werden längere, noch grüne Stengel herangetragen und kreuzweise aufgeschichtet. Sie gewährleisten eine gute Verankerung mit den stehenden Pflanzen der Nestumgebung und besitzen gleichzeitig tragende Eigenschaften, die dem verrottenden Pflanzenmaterial meist fehlt. Das erste Baumaterial wird deshalb meist von der Wasseroberfläche in wenigen bis etwa 20 m Entfernung vom Nest gesammelt und in rascher Folge herangeschwommen. Während des Höhepunkts des Bautriebs kann ein Partner etwa je Minute einmal oder selbst in noch kürzeren Intervallen Nistmaterial heranbringen. Nach Hanzak (1952) schleppte ein Paar in 5 Min. 21mal Teile des Krausen Laichkrauts *(Potamogeton crispus)* heran.

Die Taucher bauen in unregelmäßigen Zeiteinheiten sehr intensiv. Während der dazwischenliegenden Baupausen kümmern sie sich überhaupt nicht um das begonnene „Nest". Ruthke (1933) beobachtete das Bauen nur von 7.30 bis 9.00 Uhr. Ich habe sie auch zu anderen Zeiten bauen sehen, doch auch hier nur während eines mehr oder weniger großen Zeitabschnitts (5 Min. bis etwa 1 Std.). Nach Onno (1960) bauen sie „täglich nur einige Stunden". Während der Baupausen sieht man sie gelegentlich balzen (Ruthke 1933).

Hat die Plattform dann einen größeren Umfang, kann es auch zur Arbeitsteilung kommen: Das Männchen trägt Nistmaterial heran, das Weibchen schichtet es mit ungeschickt aussehenden Bewegungen um sich herum auf. Durch vieles hin- und her Watscheln werden die Materialien, vor allem die verfaulenden, zusammengedrückt und bilden dadurch einen relativ festen Klumpen.

Das Nistmaterial. Als Baumaterial werden, je nach den lokalen Gegebenheiten, vor allem die naturgemäß in der Umgebung vorhandenen Materialien verwendet. In den Fällen, wo das Nest in einem aus nur einer Art bestehenden Pflanzenbestand gebaut wird, kann gar keine Auswahl getroffen werden. Doch andererseits kommt man nicht umhin, den bauenden Tieren ein Auswählen von Stoffen zuzuschreiben. So fand Schuster (1928) unter anderem 6 Nester, deren obere Lagen ausschließlich aus Seerosenblättern *(Nymphaea)* bestanden, so daß sie leuchtend grün aussahen. In meinem Beobachtungsgebiet konnte ich mehrfach Nester finden, die fast vollständig aus Wassersumpfkresse *(Rorippa*

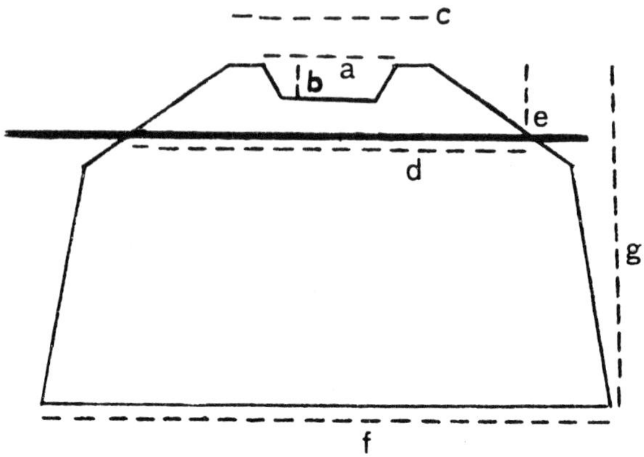

Abb. 58. Nestschnitt a. Aus Bandorf 1970

amhibia) oder zum überwiegenden Teil aus Scheinsimsen *(Scirpus)* bestanden, obwohl genügend anderes Pflanzenmaterial umherschwamm. Conradty und Hohlt (1967) beschreiben Nester aus dem Nitrikoisee/ Griechenland, die in einem Wassernußteppich *(Trapa)* schwammen und nur aus diesen Pflanzen bestanden. Hier ist allerdings unbekannt, ob andere Pflanzen als Baustofflieferanten in der Nähe waren.

Nachdem der meist — aber nicht immer! — aus recht sperrigen Halmen *(Phragmites, Typha, Scirpus)* bestehende Unterbau fertiggestellt ist, wird der in der Regel wesentlich kleinere Oberbau, das eigentliche Nest, aufgesetzt. Dieser Oberbau kann entweder ausschließlich aus faulenden Stoffen, die vom Teichgrund heraufgeholt werden, oder aus ganz grünen Pflanzenteilen, die weiterhin von der Wasseroberfläche abgelesen werden, bestehen. Die individuell unterschiedliche Vorliebe — oder Möglichkeit der Beschaffung? – für diese beiden Baustoffarten waren schon Tischler (1941) aufgefallen. Er unterschied daher zwei Nesttypen:

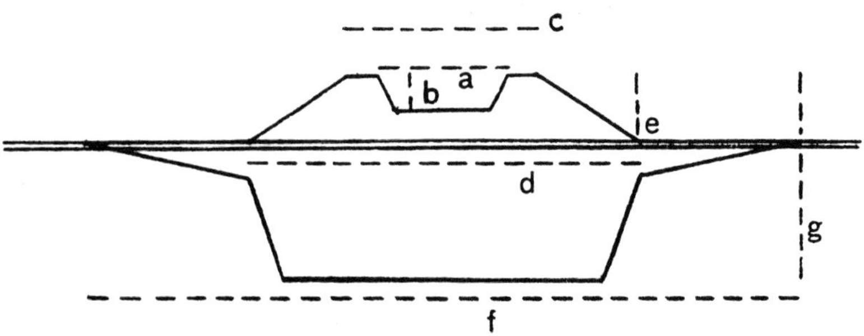

Abb. 59. Nestschnitt b

1. Aus faulenden Pflanzenstoffen (Längsschnitt a, aus Bandorf 1970, Abb. 58).

2. Aus frischen Pflanzenteilen (Längsschnitt b, Abb. 59).

Es gibt verständlicherweise auch Übergänge, doch überwiegen die reineren Typen.

Gelegentlich wird auch vom Grund heraufgeholter Schlamm, der allerdings auch an Wurzelballen haften kann, mit verarbeitet.

Eine Bauzeit kann nicht angegeben werden. Einesteils kann schon ein Ei gelegt werden, wenn die Plattform noch so dürftig ist, daß das Ei noch halb im Wasser liegt (Bauer und Glutz 1966), andererseits wird aber noch bis zum Schlüpfen des letzten Jungen gebaut (Abb. 35 u. 36).

Die Schwimmfähigkeit des Nestes. Die Nester erhalten den Auftrieb hauptsächlich durch die Luftkammern der verbauten Wasserpflanzen (Scheinsimse, Schilf, Rohrkolben). Alle Nester, die aus solchen Materialien gebaut wurden, erweisen sich während der Brutzeit als relativ stabil, da die kräftigen Stengel nicht so rasch verfaulen. Anders sieht es mit den Nestern aus, die aus zarteren, bereits abgestorbenen Pflanzenteilen bestehen. Bei solchen Nestern erweist sich das ständige Weiterbauen bis zum endgültigen Verlassen als unbedingt notwendig. Wird nämlich an ihnen nicht ununterbrochen Material hinzugefügt, dann geht das Nest, besonders bei höheren, Fäulnis begünstigenden Wassertemperaturen, bereits nach wenigen Tagen unter. Ein von mir kontrolliertes Nest, das fast ausschließlich aus vermodernden Baustoffen bestand, hatte sich eine Woche nach dem Schlüpfen des letzten Jungen soweit aufgelöst, daß kein Teil mehr die Wasseroberfläche überragte. Auch die unter Wasser schwimmenden Teile zerfielen bei der geringsten Berührung.

Die zum größten Teil aus grünen Materialien bestehenden Nester bleiben häufig die gesamte Jahreszeit über erhalten und dienen dann verschiedenen Wasservögeln, vor allem Bleßrallen, als Ruheplattform.

Nestmaße. Bandorf (1970) gibt einen schematischen Längsschnitt durch ein Zwergtauchernest, der — bis auf die ausschließlich aus grünen Pflanzenteilen bestehenden Nester (Längsschnitt b) — auch auf Haubentauchernester zutrifft (Längsschnitt a).

Ein einigermaßen exaktes Angeben von Maßen gelingt nur bei der Nestmulde (a), deren Durchmesser aber in Abhängigkeit von der Eizahl im Gelege steht, und der Nestmuldentiefe (b). Alle anderen Maße können nur als grobe Anhaltspunkte dienen, da bei der — häufigen — Verwendung sperriger Baustoffe bzw. bei der undeutlichen Abgrenzung faulenden Materials kein genaues Maßnehmen möglich ist. Ich untersuchte 32 Nester auf ihre Größenverhältnisse hin. In der Darstellung lehne ich mich an Bandorf (1970) an, um ein leichteres Vergleichen zu ermöglichen.

Nestteil	Maße (in cm)
a) Durchmesser der Nestmulde	16 (11—20)
b) Nestmuldentiefe	3,6 (2,2—6,5)
c) Nestdurchmesser an der Oberseite	24 (19—29)
d) Nestdurchmesser am Wasserspiegel	39 (32—75)
e) Nesthöhe über Wasser	5,8 (3,5—11)
f) Durchmesser der Nestbasis	55 (42—120, oft sehr sparrig [Scheinsimse!])
g) Gesamthöhe des Nestes	25 (14—65)

Ein Vergleich mit den Messungen an Zwergtauchernestern (Bandorf 1970) und Rothalstauchernestern (Wobus 1964a) zeigt uns, daß, trotz des enormen Größenunterschiedes zum Zwergtaucher, öfter ein Überlappen einzelner Maße vorkommt. Wir erkennen daraus die Unmöglichkeit der Nestbestimmung — insbesondere der Entscheidung Haubentaucher- oder Rothalstauchernest – an Hand von Maßen. Das Nest des Zwergtauchers kann rein optisch durch die insgesamt geringeren Ausmaße vom Haubentauchernest unterschieden werden, aber einen signifikanten Unterschied zum Rothalstaucher gibt es nicht.

Die Nestmaße wurden — wie bei Wobus (1964a) — ohne Rücksicht auf das Alter des Nestes entnommen. Durch ständigen Weiterbau während der Bebrütungszeit ändern sich verständlicherweise auch die Maße, wie Neumann (in Bandorf 1970) an einem Zwergtauchernest demonstrierte.

Über die Bildung von Fäulniswärme im Nest. Dem Für und Wider dieses vorhandenen oder angenommenen Phänomens widmet Wobus (1964a) ein Kapitel, in dem er vor allem die Untersuchungsergebnisse zweier Ornithologen (Schiermann 1927 und Bochenski 1961) gegenüberstellt. Es sei deshalb auf diese Darstellung verwiesen.

16.2. Ei und Gelege

Eistruktur. Wie beim Rothalstaucher finden wir auch beim Haubentaucher ein im Verhältnis zum Körpergewicht kleines Ei. Es beträgt nur etwa 4% des Körpergewichts des ungefähr 1000 g schweren Altvogels. Der Durchschnitt des Verhältnisses Ei- zu Körpergewicht aller Vogelarten beträgt 8% (Schönwetter 1960).

Die Farbe der frischen Eier ist „außen weiß mit bläulicher Tönung infolge des Durchschimmerns der bläulichweißen eigentlichen Kalkschale, welche auch die schön grüne Farbe im durchscheinenden Licht bei allen Arten der Familie erzeugt. Über der eigentlichen Schale liegt eine dünne weiße Kalkkutikula, überzogen von einer anfänglich ganz glatten weißen ‚Lederhaut‘, die mit zunehmender Bebrütung immer dunkler braun, oft rotbraun, manchmal fast schwarz wird, und zwar durch Einwirkung faulenden Pflanzenmaterials, zuweilen wohl auch infolge eisenhaltigen Wassers. Manche erscheinen im ganzen Gelege, offenbar durch Pflanzenblättchen des schwimmenden Nestes verursacht, wie auf gelbbraunem Grunde dunkler braun gefleckt“ (Schönwetter 1960). Über die Umfärbung der Eier während des Brütens äußert sich bereits Rey (1905) in ähnlicher Weise. Er fügt noch hinzu, daß man an der Intensität der Eischalen-Färbung „das Alter der einzelnen Eier des Geleges unschwer erkennen“ könne.

Ich habe zwar keine speziellen Untersuchungen über die Umfärbung der Eier durchgeführt, aber im Laufe der langjährigen Beobachtungen doch folgendes erkannt:

1. Die Ei-Umfärbung benötigt in verschiedenen Nestern unterschiedliche Zeiten. Es gibt Eier, die bereits nach einem Tag enorm gebräunt sind, so daß sie sich vom frischgelegten Ei stark abheben. Sie dunkeln dann im späteren Verlauf nicht mehr oder kaum merklich nach.

2. Andere Eier färben erst im Laufe mehrerer Tage langsam um.

Daraus ist zu ersehen, daß man das Bebrütungsstadium nicht aus der Bräunung ermitteln oder schätzen kann.

Die Farbstoffe entstammen zum größten Teil dem umgebenen Pflanzenmaterial und auch dem Eisengehalt des Wassers. Doch kann dies allein noch nicht die Bräunung verursachen, denn

3. frischgelegte Eier, die von den Altvögeln verlassen wurden, färbten nicht um! Ich ließ frischgelegte Eier in verlassenen Nestern manchmal wochenlang bedeckt liegen. Zum Teil steckte ich sie sogar tiefer ins Nistmaterial, um sie mehr den faulenden Stoffen auszusetzen. Keines dieser Eier wurde während der Kontrollen braun. Manche der so von mir behandelten Eier erhielt zuweilen, je nach dem im Nest befindlichen Nistmaterial, einen schmutzigen, grauschwarzen Überzug, der sich aber durch kräftiges Reiben mit einem Finger meist wieder entfernen ließ.

Um die Bräunung der Eier zu erreichen, muß also wohl doch noch ein weiterer Faktor vorhanden sein. Ich vermute nun, daß hierbei das Sekret der Bürzeldrüse beteiligt ist. Doch darüber müssen exakte Untersuchungen Aufschluß geben.

Eimaße und -gewichte. Bei einem überraschenden Fund eines „großen“ Tauchernestes mit Gelege kann man nicht mit Bestimmtheit auf die Art, den Haubentaucher, schließen. Neben den Nestmaßen und der großen äußeren Ähnlichkeit von Nest und Eiern überschneiden sich zum Teil auch noch die Maße von Hauben- und Rothalstauchereiern.

Das Frischvollgewicht beträgt nach Heinroth (1922) 39—45 g, nach Bauer und Glutz (1966) im Durchschnitt 38,1 g.

Wenn die Lappentaucher auch zu den Nestflüchtern gehören, so zeigen doch die geringe Eizahl je Gelege und die Kleinheit des Dotters (nur

22% des Eiinhalts) keine besonders entwickelte Nestflüchtigkeit (Heinroth 1928). Das wird noch deutlicher beim Betrachten der Ausbildung und des Verhaltens der Jungen (siehe Kap. 17.2.).

Naumann (1905) ist der Meinung, daß die Eier von Nachgelegen oft nicht größer als Rothalstauchereier sein sollen. Bäsecke (1953) dagegen schreibt, es trete keine Abnahme der Eimaße bei Nachgelegen ein.

Autor Gebiet	Anzahl der Eier	Maße Durchschnitt mm	Maxima mm	Minima mm	Gewicht g
Hanzak (1952) Böhmen	111	54.8 × 36.82	62.2 × 37.0 58.9 × 39.9	50.0 × 37.3 55.0 × 25.8	— —
Rey (1905) Deutschland (?)	30	54.6 × 36.36	58.0 × 37.0 57.3 × 38.3	49.8 × 35.7 53.8 × 33.9	3.56 (2.99—4.2)
Oelschlegel (1970) Thüringen	114	55.5 × 36.9	Länge 62.4 Breite 39.4	 49.8 34.6	
Schlegel (1925) Westsachsen	22	56.4 × 36.2	Länge 60.4 Breite 38.5	 53.3 34.5	3.571
Makatsch (1950) Mazedonien	81	53.4 × 36.1	57.9 × 34.8 53.6 × 38.1 56.2 × 37.6	49.7 × 35.5 53.3 × 34.0 52.3 × 34.9	3.29
Schönwetter (1960) Eurasien	150	55.8 × 36.9	Länge 62.7 Breite 39.7	 46.5 33.4	3.62 (2.75—4.30)
Harrisson und Hollom (1932) Großbritannien	100	54.8 × 36.7	62.7 × 37.8 46.5 × 39.0	46.5 × 39.0 55.3 × 34.0	— —

Nach Naumann (1905) soll der Haubentaucher zum Legen bis zu 20 und mehr Eiern angeregt werden, wenn man von den zwei zuerst gelegten Eiern eins wegnehme und auch die folgenden Eier regelmäßig entferne.

Eiablage und Legezeit. Wie bereits oben angedeutet, wird gelegentlich mit dem Legen begonnen, wenn man das Nest in einem noch relativ unfertigen Zustand vorfindet. Während des weiteren Nestausbaus bleiben die nach und nach hinzugelegten Eier durch Rollen bzw. durch

Zwischenschieben von Baustoffen stets auf den Niststoffen der Nestmulde.

Der Legeabstand beträgt etwa 48 Stunden (S u e t e n s 1960). Die oftmals in diesen Abständen schlüpfenden Jungen weisen ebenfalls auf diese Legedifferenz hin. O n n o (1960) hingegen nennt 36stündige Legepausen. In vier von ihm untersuchten Nestern vergrößerte sich die Eizahl täglich nach folgendem Schema: 1 — 1 — 2 — 3 — 3 — 4 — 5.

Nach einigen eigenen Feststellungen erfolgt die Eiablage in den Morgenstunden, meist zwischen 8.00 und 11.00 Uhr. Nachmittags gelegte Eier fand ich noch nicht. Leider ist das eigene Material noch zu gering, um verallgemeinern zu können. Nach O n n o (1960) findet die Eiablage zu ganz verschiedenen Zeiten statt, was mit dem von ihm festgestellten Legeabstand zusammenhängt. Hier müssen weitere Beobachtungen einsetzen.

Der jahreszeitliche Beginn der Eiablage weist erwartungsgemäß große lokale Unterschiede auf. In Mitteleuropa wurde das erste Ei am 8. 3. in Belgien gefunden (S u e t e n s 1960). Doch dies muß — nicht nur für Belgien — als eine große Ausnahme angesehen werden.

Auch Mitte bis Ende März entdeckte Eier gehören noch zu den Ausnahmen. Als Hauptlegemonate werden allgemein April, Mai und Juni angesehen. Im Juli und im August finden wir wesentlich weniger frische Eier. Es werden allerdings sogar noch frische Septembergelege und im Oktober gefundene Eier erwähnt. (Nach B a u e r und G l u t z 1966: Mauensee/Schweiz, am 5. 10. 1947 noch 3 Nester mit Eiern; Hofstade/Belgien, noch ein am 10. 11. 1961 frisch geschlüpftes Junges.)

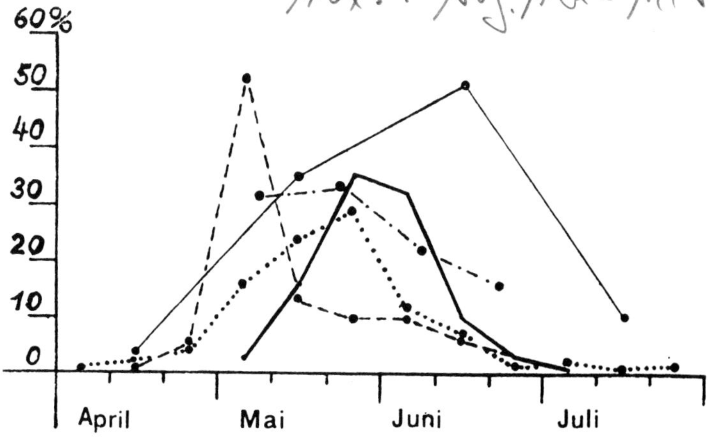

Abb. 60. Legezeiten in einigen Gebieten, ausgedrückt in %.
——— Estnische SSR (O n n o 1960) n = 417, ——— **(B a u e r und G l u t z 1966) n = 201,** - · - · - · Böhmen (H a n z a k 1952) n = 33, — — — — Oberlausitz **(M e l d e)** n = 91, ... Schleswig-Holstein (B e r n d t MS) n = 517

Hartert (1912—1922) nennt Ende Mai bis Juli als Legezeiten für Deutschland. Diese summarische Zusammenfassung stimmt zumindest jetzt nicht mehr.

Der Beginn der Eiablage hängt vermutlich mit der Wassertemperatur zusammen. Nach Dementjew und Gladkow (1951) muß sie mindestens 7,5 °C betragen. Die Legedaten in einzelnen Gebieten scheinen dies zu bestätigen. Die flachen Teiche der Oberlausitz werden rasch erwärmt, woraus sich die deutliche Spitze (Abb. 60) im letzten Aprildrittel erklärt. Die langsamere Temperaturerhöhung der tieferen Schweizer Seen bringt eine Verspätung und keine so ausgeprägte Konzentration auf einen engen Zeitraum mit sich, und die Hauptlegezeit in der Estnischen SSR resultiert vermutlich aus der nördlicheren Lage. Auch Johansen (1959) gibt für das sibirische Tiefland mit seinem späten Frühlingseinzug Ende Mai — Anfang Juni als Legezeiten an; das früheste Gelege wurde dort am 19. 5. am Tschany-See gefunden.

Andererseits weist Oelschlegel (1970) auf die klimatisch ungünstigen Bedingungen an den Plothener Teichen in Thüringen hin und führt aus, daß auch dort fast 25% aller Gelege zwischen dem 20. 4. und dem 3. 5. gezeitigt werden.

Für Südeuropa und Nordafrika verliert obige Annahme vollends seine Gültigkeit. Makatsch (1950) fand in Mazedonien die Gelege von Mitte Mai bis in den Juni hinein. Auch Conradty und Hohlt (1967) entdeckten am 1. 6. 1966 auf dem Nitrikoisee in Griechenland in einer Kolonie Nester, die zum Teil noch unbelegt waren. Hartert (1912—1922) gibt für Rumänien Mai bis Juni und selbst für Algerien Ende Mai als Legedaten an.

Eine kontrollierende Funktion des Wetters auf die Eiablagedaten, wie sie Wobus (1964a) für den Rothalstaucher nennt, konnte ich nicht feststellen. Es sei denn, daß eine Kaltwetterperiode über längere Zeit anhält und die Wassertemperatur unter den 7,5 °C bleibt bzw. sinkt. Im Frühling 1970, der in der Oberlausitz mit einem recht kühlen April seinen Einzug hielt, wurde das erste Gelege (mit 7 Eiern) schon in diesem Monat gezeitigt, und auch die übrigen Gelege fand ich im ersten Maidrittel.

Schon bei Naumann (1905) finden wir den Hinweis, daß „ältere Paare früher als jüngere“ mit dem Nisten begännen. Ähnlich äußert sich auch Suetens (1960). Ein Beweis wurde meines Wissens aber bisher noch nicht erbracht. Diese Angaben stützen sich lediglich auf Vermutungen.

Gelegestärke. In den meisten ornithologischen Werken, die einen Überblick über brutbiologische Daten bieten, findet man die allgemeine Angabe, daß die Haubentaucher „gewöhnlich 4, bisweilen auch nur 3, selten mehr Eier“ legen (Makatsch 1952, ähnlich äußern sich auch Naumann 1905, Friderich 1891 und andere ältere Werke). All diese

Angaben halten keinen exakten Ermittlungen stand, wie wir gleich sehen werden.

Autor	Gebiet	n	Eier im Gelege 1	2	3	4	5	6	7	8	Ø
Suetens (1960)	Belgien	46	—	—	7	19	15	4	1	—	4,4
Berndt (MS)	Schleswig-Holstein	130	15	21	30	39	25	—	—	—	3,29
Bauer und Glutz (1966)	Schweiz	207	1	7	25	97	54	17	5	1	4,3
Hanzak (1952)	Böhmen	38	—	4	15	15	4	—	—	—	3,5
Oelschlegel (1970)	Thüringen	27	—	—	5	11	11	—	—	—	4,3
Melde (Tageb.)	Oberlausitz	67	—	—	10	19	23	12	3	—	4,7
Makatsch (1950)	Mazedonien	13	—	—	—	12	1	—	—	—	4,1
Onno (1960) (aus % zurückgerechnet)	Estnische SSR	290	—	20	75	130	49	13	2	1	3,78

Wir sehen also, nicht 3—4, sondern 4—5 Eier stellen die normale Eizahl je Gelege dar. Diese Zahl gilt auch für die Gelege im Westsibirischen Tiefland (Johansen 1959) (Abb. 10, 7er-Gelege). In der Schweiz erhöht sich im Laufe des voranschreitenden Frühlings die durchschnittliche Gelegestärke. Interessanterweise verzeichnen Onno (1960) in der Estnischen SSR und ich in der Oberlausitz eine Abnahme der durchschnittlichen Eizahl je Gelege.

Autor	Gebiet	durchschnittliche Gelegestärke April	Mai	Juni	Juli
Bauer und Glutz (1966)	Schweiz	—	4,12	4,24	4,52
Melde (Tageb.)	Oberlausitz	5,5	4,6	4,2	—

Nachgelege oder Gelege von Zweitbruten sollen keine geringere Eizahl aufweisen (u. a. Bäsecke 1953).

Nachgelege. Haubentaucher zeitigen nach meinen Beobachtungen sehr oft Nachgelege. Einem Haubentaucherpaar konnte ich mit Sicherheit zwei Nachgelege und mit großer Wahrscheinlichkeit ein drittes Nachgelege nachweisen. Die Abstände zwischen Erst- und weiteren Gelegen können beträchtliche Unterschiede aufweisen. Das eben erwähnte Paar, dem die Gelege kurz nach oder auch vor Vervollständigung zerstört wurden, begann an folgenden Tagen erneut mit der Eiablage: Erstgelege war am 9. 5. 1970 vollständig und am 13. 5. verschwunden; die weiteren Gelege folgten am 29. 5., am 3. 6. und wahrscheinlich am 8. 6. Die ersten drei Gelege wurden im gleichen Revier gezeitigt, jeweils in 80 m bzw. in 60 m Abstand vom Erstgelege. Das vermutliche vierte Gelege befand sich dann allerdings in 250 m Entfernung in einem ganz anderen Teichabschnitt. Bei Verlust eines Geleges verlassen viele Paare oftmals nicht nur das Revier auf einem Gewässer, sondern sie siedeln sich häufig auf Nachbarteichen oder gar in anderen, entfernteren Teichgebieten an. Anders kann es nicht erklärt werden, daß auf anfänglich haubentaucherfreien Teichen plötzlich Anfang oder sogar Ende Juni/Anfang Juli Paare auftauchen und bereits wenige Tage später brüten.

Zweit- und Drittbruten. In der Regel brüten Haubentaucher jährlich nur einmal. Zweitbruten wurden zuerst aus Großbritannien bekannt, wo sie relativ häufig vorkommen. Harrisson und Hollom (1932) nennen allein bis 1931 25 bekannte Fälle. Seit einiger Zeit — wahrscheinlich wurde früher weniger darauf geachtet — sind auch aus der Schweiz (Hauri 1964) und aus beiden deutschen Staaten Zweitbruten bekanntgeworden (für Hessen durch Jost, Zingel, Berg-Schlosser in Berg-Schlosser 1968, für Niedersachsen/Braunschweig durch Ullrich 1962, Bramsche bei Osnabrück durch Kunz 1963 und für Schleswig-Holstein durch Berndt (MS); für die Oberlausitz durch Wobus 1963). Kunz (1963), der ausführlich auf die Mehrfachbruten und deren Ursachen eingeht, kommt in seiner Analyse zu

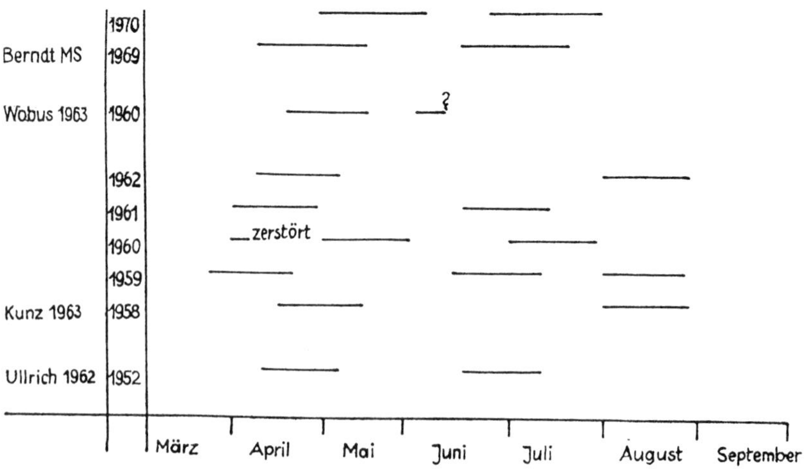

Abb. 61. Eiablage und Schlüpfen der Jungen bei Mehrfachbruten. Entnommen den Angaben der im Text genannten Autoren

dem Schluß, daß die Mehrfachbruten „wohl mit den überwiegend milden, atlantischen Wintern der letzten Jahre in Verbindung" stehen. Er erkannte, daß das Auftreten von Zweitbruten mit einer Vorverlegung des Brutbeginns parallel läuft. Kunz (1963) gelang auch der — bisher wohl einzige — Nachweis einer Drittbrut 1959.

Abb. 61 zeigt die ungefähre Verteilung der Bebrütungszeiten bei Mehrfachbruten. Wie dieser Figur zu entnehmen ist, kann in allen Fällen tatsächlich eine deutliche Vorverlegung des Brutbeginns verzeichnet werden. Auch hier finden wir wie bei den Nachgelegen beträchtliche zeitliche Differenzen zwischen zwei aufeinanderfolgenden Bruten.

Bildung von Brutkolonien. Bei der Zuordnung des Haubentauchers zu den Einzel- oder zu den Koloniebrütern fällt die Entscheidung schwer. Nach dem vorliegenden Material nimmt er innerhalb Europas und der hier brütenden Lappentaucherarten die zweite Stelle in der Häufigkeit des Koloniebrütens ein. Beim Schwarzhalstaucher bildet gemeinschaftliches Brüten die Regel. Für den Rothalstaucher führt Wobus (1964a) nur noch gelegentlich gebildete Brutkolonien an, die von wenigen bis etwa 20 Brutpaaren gebildet werden. Vom Zwergtaucher fehlen exakte Beobachtungen über Koloniebrüten (Bandorf 1970).

In Europa brütet der Haubentaucher wohl überwiegend einzeln. Die in der Literatur erscheinenden Notizen und Hinweise auf Koloniebrüten bekunden ein mehr oder weniger starkes Abweichen von der Regel.

In der Oberlausitz betragen die Nestabstände selbst auf Teichen, die von mehreren bis etwa 15 Paaren besiedelt werden, 50 bis 100 oder noch mehr Meter. Und dennoch beobachtet man in Abständen von mehreren Jahren auch hier über eine Brutsaison bestehende Kolonien. Die erste Kolonie fand ich am 23. 5. 1948 im Döbraer Großteich. Von einem Standpunkt im knietiefen Wasser, bewachsen von schütterem Schilf, konnte ich 12 bis 15 Meter überschauen. Weit östlich im Niederspreer Großteich fanden Hasse und Krause (Krause 1960 und Wobus 1964b) am 1. 6. 1958 ebenfalls „eine Kolonie mit mindestens 12 Nestern auf einem Raum von etwa 20 × 50 m". Demgegenüber verteilten sich die Nester der 7 bis 13 Paare, die von 1969 bis 1971 auf dem Biehlaer Großteich brüteten, trotz der Einengung der Pflanzenzone durch zunehmende Meliorationsarbeiten fast gleichmäßig auf den verbleibenden Schilfrand.

Die Ursachen für kolonieweises Nisten sind noch nicht ganz geklärt. Während Schuster (1942) und Suetens (1960) gemeinschaftliches Brüten auf äußere Bedingungen zurückführen (Nistplätze, Nahrungsangebot) und auch Harrisson und Hollom (1932) koloniеartiges Leben als vom Nahrungsangebot abhängend betrachten, glaubt Makatsch (1950) im Koloniebrüten dieser Art eine auf sozialem Trieb beruhende Handlung zu erkennen.

Verfolgt man die Mitteilungen über das kolonieweise Nisten der Art, so kann man eine Zunahme der Koloniebildung von West nach Ost verzeichnen. In gleicher Richtung nimmt aber auch die durchschnittliche Gewässergröße zu. Könnte nicht hier ein Zusammenhang bestehen?

Von England berichten Harrisson und Hollom (1932) über kleinere Kolonien. Aus Wales und Schottland sind nach denselben Autoren keine Kolonien bekannt. Aus den Niederlanden führen sie eine Kolonie von der IJselsee mit 25 Paaren an. In Dänemark wurden nach Preuss (1969) nur selten Kolonien gefunden. Rafn (1941) fand dort in einem Binsenholm von 200 m Länge 29 Nester. Dies könnte vielleicht noch als Kolonie angesehen werden.

Aus der BRD nennt Berndt (MS) Kolonien aus dem Hamburger und Schleswig-Holsteiner Gebiet. Beachtlich sind die Kolonien vom Großen Plöner See (bis zu mindestens 79 Nester) und vom Schaalsee (155 Nester).

In der DDR finden wir häufiger gemeinschaftliches Brüten vor allem auf den zahlreichen wesentlich größeren Gewässern im Norden der Republik. Kuhk (1939) nennt aus dem Gebiet der Mecklenburgischen Seenplatte eine Kolonie von mehr als 30 besetzten Nestern in 40 bis 50 m dichtem Rohrbestand. Er zitiert Hamann (1914), der in der Gegend von Sietow (Müritz) zwischen 1897 und 1901 einen 20 × 100 m großen Rohrbestand kontrollierte und in den genannten Jahren 35, 75, 55, 83 und 67 Nester fand. Die Kolonie(n) von Sietow nennen auch Krägenow und Schwarz (1970), geben aber keine Zahlen dafür an.

Onno (1960) führt eine Kolonie von etwa 60 Paaren auf dem Peipussee an und schreibt weiter, „kleinere Kolonien sind auch an anderen Seen zu finden". Die Kolonien werden, je weiter wir nach Osten kommen, „größer und größer, um dann auf den großen Seen Süd- bzw. Südostrußlands gewaltige Scharen von Brutpaaren zu umfassen" (Grote 1932).

Selbst in den großen Höhen von Ladakh und Sikkim fand Meinertzhagen (nach Harrisson und Hollom 1932) auf dem Tso-Kar-See in rund 4540 m Höhe eine Kolonie mit 58 Paaren. Auch vom Kala-See in Tibet nennen sie eine dichte Kolonie, die 50 Nester enthielt.

16.3. Bebrütungszeit

Beginn der Bebrütung. Manche Taucher sieht man bereits einige Tage vor Ablage des ersten Eies auf dem Nest „brüten" (Simmons 1955 und eigene Beobachtungen).

Der eigentliche Brutbeginn setzt in den meisten Fällen bereits nach Ablage des ersten Eies ein (eigene Beobachtungen), seltener nach dem zweiten und ausnahmsweise nach dem Legen des letzten Eies (Bauer und Glutz 1966). Zu Anfang des Brütens verlassen die sitzenden Taucher das Nest noch häufig freiwillig, wodurch die Keimesentwicklung infolge der inkonstanten Bruttemperatur gehemmt wird. Dieses anfängliche unregelmäßige Brüten führt bei solchen Paaren auch zu Unregelmäßigkeiten der Schlüpfintervalle.

V e r h a l t e n d e r A l t v ö g e l b e i m B r ü t e n. Beim Sichten älterer Literatur stößt man zuweilen auf sonderbare Angaben, die selbst bei sehr oberflächlicher Beobachtungstätigkeit nicht erscheinen dürften. So gibt F l o e r i c k e (1898) folgende amüsante Darstellung über das Besetzen des Nestes und der davon abgeleiteten Jungenzahl: „Sie (die Haubentaucher, d. Verf.) steigen dabei nicht auf das Nest hinauf, das bei seiner liederlichen Bauart eine solche Manipulation gar nicht aushalten würde, sondern schieben sich vom Wasserspiegel aus mit dem Bauche darauf, wie sie es ebenso rutschend wieder verlassen. Dadurch wird das Nest an der betreffenden Stelle bald niedergedrückt, und es geschieht ziemlich häufig, daß beim Bekriechen desselben das eine oder das andere Ei auf der entstandenen schiefen Ebene herab und ins Wasser rollt; es müssen dadurch viele Eier zugrunde gehen, denn man sieht selten mehr als zwei Junge bei den Alten."

Beim Brüten verhalten sich Rothals- und Haubentaucher völlig gleich. Die Altvögel nähern sich dem Nest immer wieder auf ein oder zwei „Wegen". Entweder schwimmen sie heran oder sie kommen unter Wasser herangerudert, um dicht neben dem Nest aufzutauchen. Bevor das Nest betreten wird, verharrt der Taucher einige Sekunden sichernd mit angelegtem Gefieder, so daß der Körper tief im Wasser liegt. Anschließend nimmt er den Hals etwas zurück, und den Schwung des vorschnellenden Kopfes ausnutzend, springt er mit einem Satz auf den Nestrand. Das im Gefieder befindliche Wasser tropft jetzt ab und benetzt Eier und Pflanzenmaterial, das dadurch immer wieder angefeuchtet wird. Nun geht der Vogel mit langsam watschelnden Schritten, begleitet vom Hin- und Herschwanken des s-förmig an den Körper gezogenen Halses — Ausgleich der Körpergewichtsverlagerung beim Laufen! —, in die Nestmulde bzw. an den oberen Nestmuldenrand. Nun deckt er mit ruckartigen Schnabelbewegungen die Pflanzen von den Eiern. Bevor er sich auf die Eier niederläßt, geht er meist noch einige Schritte unbeholfen am Nestmuldenrand entlang, grätscht die Beine, spreizt das Bauchgefieder, legt den Hals wieder s-förmig an die Brust und senkt unter kuschelnden Bewegungen den Körper aufs Gelege. Dabei werden die locker anliegenden Flügel einige Male leicht am Körper auf- und abbewegt. Es folgen noch einige schiebende Bewegungen des Körpers, bis die richtige Lage eingenommen ist. Nach einigen Sekunden ruhigen Sitzens beginnt das brütende Exemplar die vorher beiseitegelegten Pflanzenteile wieder an die Körperseiten heranzuziehen. Nach Abschluß dieser Tätigkeit sieht es aus, als sei der Taucher bis zur Höhe des oberen Nestmuldenrands mit Pflanzenteilen eingepackt.

Nun ist der Brüter nicht mehr so rasch zum Aufstehen zu bewegen. Er sitzt, döst vor sich hin, schläft zuweilen ein wenig, ist aber bei verdächtigen Geräuschen sofort wieder hellwach, hebt den Hals senkrecht hoch und beobachtet bzw. sichert in der entsprechenden Richtung. Ohne eine äußere Störung nimmt er nur selten, in großen Zeitabständen, eine andere Sitzrichtung ein.

Brutablösung. Auch hier können wir wieder eine große Übereinstimmung des Handlungslaufs mit dem Rothalstaucher erkennen. Auch bei unserer Art erfolgt die Ablösung ohne eine feste Zeremonie. Allerdings entfällt hier — nach meinen Beobachtungen — das Rufen des ankommenden und das Antworten des brütenden Exemplars. Der ankommende Haubentaucher gibt zwar auch gelegentlich Laute von sich, die aber in ihrer Vielgestaltigkeit keine spezielle Signalbedeutung haben können. Ich vermag deshalb keinen dieser Laute als „Ankündigungsruf“ anzuerkennen.

Im Gegensatz zum Zwergtaucher, der stets unter Wasser zum Nest kommt und erst dicht daneben auftaucht, sah ich ablösende Haubentaucher stets schwimmend zum Nest zurückkehren. In den meisten Fällen bringt der Ankömmling Baustoffe mit, die sofort eingebaut werden. Dabei wirkt der brütende Partner häufig mit und legt die Teile an ihren endgültigen Ort ab. Manchmal baut der herangekommene Taucher noch einige Minuten, ehe der bisher brütende Partner schwerfällig das Nest verläßt. Gelegentlich sah ich dann auch beide einige Zeit — etwa bis zu 2 Min. — bauen. Die Eier liegen während dieser Zeit ungedeckt in der Mulde. Sie werden bei freiwilligem Verlassen des Nestes nie abgedeckt. Nachdem der Ablösende auf das Nest aufgesprungen ist und sich auf die Eier gekuschelt hat, entfernt sich der Partner und schwimmt entweder zur Nahrungssuche zum offenen Wasser hin oder bleibt dösend (wachend?) am Rand des Pflanzenbestands liegen. In ähnlicher Weise äußert sich auch Suetens (1960).

Beteiligung der Geschlechter beim Brüten. Über die Anteile der Partner an der Bebrütung des Geleges konnte ich nur wenig Material sammeln.

Es brütete	Weibchen	Männchen
25. 5. 1964	9.20—11.14	11.16—12.25
	12.25—13.54	13.54—16.05
	16.12—17.35	
4. 7. 1971	10.47—12.05	12.07—12.48
	12.48—14.16	14.18—15.05
	15.05—16.23	16.27—17.12

Auch von Klamma und Kumerloeve (1957) liegen einige Daten vor.

Es brütet	Weibchen	Männchen
		6.35— 8.20
	8.20—10.00	10.00—10.40
	10.40—11.50	11.50—12.20
	12.20—(längere Zeit)	

Auf Grund dieser — allerdings noch unzureichenden — Notizen brütet das Weibchen etwas mehr als das Männchen (Weibchen insgesamt 700 Min., Männchen 508 Min.).

W e n d e n d e r E i e r. Ein regelmäßiges Wenden der Eier habe ich noch nie gesehen. Wie W o b u s (1964a) schon vom Rothalstaucher beschreibt, stochert der stehende Haubentaucher nur in der Nestmulde umher, gleicht Pflanzenteile ein und schiebt auch wohl einmal ein Ei zurecht. Doch ein richtiges Rollen, wie wir es von anderen Vogelarten her kennen, kann man nicht bemerken. Allerdings kann ich W o b u s' (1964a) Beobachtungen vom Rothalstaucher beim Haubentaucher nicht bestätigen, wenn er bei seinem Eintreten gegen das Eierwenden schreibt: „Nicht selten ist nämlich nur der mit der Nestmulde in Berührung stehende Teil der Eischale tiefbraun gefärbt, die andere Seite dagegen schmutzigweiß oder hellbraun." Da die Haubentauchereier rundum einigermaßen gleich gefärbt sind, findet vielleicht doch ein Drehen statt, wenn auch möglicherweise sehr langsam und ohne zielgerichtete Tätigkeit der Brutvögel. Dies könnte eventuell während des Niedergehens auf die Eier, das ja sehr langsam und unter hin- und her-, vor- und zurückschiebenden Bewegungen vor sich geht, nach und nach geschehen. Dieser Vermutung widersprechen W o b u s' (1964a) Versuche mit gezeichneten Eiern. Hier müssen weitere Untersuchungen einsetzen.

B e d e c k e n d e s G e l e g e s. Beim freiwilligen Verlassen des Nestes — bei Brutablösungen usw. — werden die Eier, wie bereits oben erwähnt, nicht bedeckt! Hier besteht aber auch keine Notwendigkeit, denn einer der beiden Altvögel hält sich dann unbedingt in Nestnähe auf.

Bei sich ankündender Gefahr — meist bei Annäherung eines Menschen — steht der Brutvogel rasch auf, tritt umständlich einige Schritte auf dem oberen Nestrand zurück und zieht mit dem Schnabel von der gegenüberliegenden und den beiden Nestseiten mit hastigen Bewegungen Pflanzenstücke über das Gelege, dreht sich rasch um und rutscht vom äußersten Nestrand gleitend ins Wasser. Bei einer zu überraschend gekommenen Gefahr rutscht er — genau wie alle anderen Taucherarten — rückwärts vom Nest und zerrt aus dieser Bewegung heraus rasch einiges Nistmaterial, meist völlig unzureichend, über die Eier. Gelegentlich findet er beim sehr schnellen Abgang nicht einmal dafür Zeit, so daß die Eier völlig ungedeckt liegen. Bemerkt der Taucher in seiner Deckung, daß die Gefahr zwar nicht vorüber, aber sich doch nicht vergrößert hat, kehrt er häufig zurück und bedeckt das Gelege vom Wasser her in schwimmender Haltung. Anschließend verläßt er wieder eilig die unmittelbare Nestumgebung.

Das Bedecken des Geleges dient ausschließlich dem Sichtschutz vor Feinden. Ein Wärmeschutz, wie ihn Schiermann (1927) vermutete, scheidet wohl aus, da das darübergezogene Material in den meisten Fällen viel zu dünn ist, um diese Funktion zu erfüllen. Darauf weist auch Hanzak (1952) hin.

Es kann aber noch die Aufgabe eines Schutzes gegen zu starke Sonneneinstrahlung erfüllen, was bei längerer Abwesenheit oft not tut.

Bei freiwilligem Verlassen des Nestes entfernen sich die Vögel nie weit vom Nest, so daß sie bei Näherung einer Gefahr (Krähen oder Rohrweihen) in der Regel sofort zur Stelle sind, um die nicht bedeckten Eier verteidigen zu können.

Ein Haubentaucher, an dessen Nest ich sehr oft ansaß und fotografierte, bedeckte das Gelege auch beim zwangsweisen Verlassen nie, obwohl er stets Zeit dazu gehabt hätte, da er mich bei meiner Annäherung bereits von weitem sehen mußte.

Das eierbedeckende Material trocknet, vor allem bei grellem Sonnenschein, trockener Luft und Wind, in wenigen Stunden völlig aus. An solchem trockenen Deckmaterial kann man deshalb leicht ein verlassenes Gelege erkennen.

Verhalten bei Störungen am Nest. Bei einer erstmaligen Annäherung eines Menschen an ein Haubentauchernest verlassen auch freibrütende Tiere das Nest relativ spät. Wegen großer individueller Unterschiede kann keine Fluchtdistanz angegeben werden. Bei wiederholtem Angehen des Nestes vergrößert sich die Fluchtdistanz meist um ein Beträchtliches. Ich habe es bisweilen bemerkt, daß brütende Taucher das Nest bereits verließen, wenn ich in mehreren hundert Meter Entfernung einen Kahn am Teichufer abkettete. Solche Brutvögel gehen erst dann wieder aufs Nest, wenn sie – auch am Ufer – keinen Menschen mehr sehen.

Die in besserer Deckung brütenden Paare halten gewöhnlich länger aus und kehren auch früher aufs Gelege zurück. Von in sehr dichten Pflanzenbeständen brütenden Tauchern gehen manche — auch bei wiederholten Nestbesuchen! — häufig erst dann vom Nest, wenn man das Schilf auseinanderbiegt und den Vogel erblickt.

Steht man an einem Nest, schwimmt das Taucherpaar in respektvoller Entfernung, meist in Kiellinie, auf der Wasserfläche hin und her und beobachtet den Eindringling und sein Tun scharf. Als 1970 im Biehläer Großteich 13 Paare in Abständen von 30 bis 50 m brüteten, schwammen die Paare nach und nach, so wie ich die Nester kontrollierte, auf die freie Teichfläche, scharten sich zusammen und begleiteten mich — ebenfalls in Kiellinie — in stets gleichbleibender Entfernung mehrere hundert Meter, bis ich um die Halbinsel verschwand.

Angriffe, wie Wobus (1964a) von einem Rothalstaucher beschreibt und wie ich sie vom Zwergtaucher (Spritztauchen!) her kenne (siehe auch Bandorf 1970), erlebte ich vom Haubentaucher nie.

Ein Weglocken — Verleiten — des Feindes vom Nest kennen wir vom Haubentaucher wie auch von den übrigen Lappentauchern nicht. Darauf weist schon Wobus (1964a) hin.

Bebrütungsdauer. Noch Naumann (1905) schreibt: „Bei so anhaltendem Brüten schlüpfen die Jungen nach drei Wochen aus den Eiern.“ Diese Angabe haben die Bearbeiter des Naumann möglicherweise von Friderich (1891) übernommen. Sie beruht keinesfalls auf exakten Kontrollen, denn die Untersuchungen verschiedener Beobachter ergeben ein anderes Bild. Die kürzeste Brutdauer stellte Hanzak (1952) in einem Fall mit 22 Tagen fest. Doch dies muß als Ausnahme betrachtet werden. Weitere Mitteilungen finden wir bei folgenden Autoren:

Autor	Tage					
	24	25	26	27	28	29
Heinroth (1928)	—	*	—	—	—	—
Harrisson und Hollom (1932)	—	—	—	*	*	*
Onno (1960)	—	1	1	3	—	1
Suetens (1960)	—	*	—	*	*	—
Kunz (1963)	—	—	—	—	*	—
Melde (Tageb.)	—	—	—	2	3	—

Die großen Differenzen in der Bebrütungsdauer hängen vermutlich unter anderem auch mit geringeren oder häufigeren Störungen an den einzelnen Nestern zusammen. Ein Embryo, der öfteren und längeren Wärmezufuhrunterbrechungen ausgesetzt ist, benötigt eben insgesamt eine längere Brutdauer als ein Embryo, der annähernd pausenlos bebrütet wird.

Gegen längerandauernde Brutpausen sind die Embryonen recht widerstandsfähig. Nach Schiermann (1927) schlüpfte ein fast schlupfreifer Embryo noch, als er nach einer vierzigstündigen Brutunterbrechung in den Brutofen gebracht wurde. Die übrigen Embryonen des Restgeleges überstanden diese sehr lange Abkühlung nicht.

27 Tage

17. Die Jungen und die Aufzucht der Jungen

17.1. Schlüpfen der Jungen

Ab zwei Tage vor dem Schlupfvorgang geben die schlupfreifen Embryonen aus den zu diesem Zeitpunkt äußerlich noch unversehrten Eiern leise Pieptöne von sich (Heinroth 1928, Hick 1963), die von Heinroth (1928) als Signal für die Alten zum Weiterbrüten des Restgeleges nach dem Schlüpfen des oder der Jungen dienen. Mir sind aber auch mehrere Fälle bekannt, wo erst einen Tag vor dem Schlüpfen die Töne zu hören waren. Das Piepen hörte ich zuweilen noch im 8 m entfernten Fotoversteck.

Das Schlüpfen der Jungen geht zwar rasch, aber insgesamt doch nicht so schnell vonstatten, wie es Heinroth (1922) darstellt. Es dauert, wie er 1928 angibt, nur wenige Minuten. Er gibt dafür auch eine Begründung: Lägen „die Eier während des Schlüpfens wie bei anderen Vögeln lange angepickt im Nest, so könnten sie leicht voll Wasser laufen und das Kücken ertränke". Ich sah bisher noch kein Nest, in dem die Eier so tief gelegen hätten, daß in sie Wasser eindringen konnte. Die Eier liegen zur Zeit des Schlüpfens zwar stets im Feuchten, werden aber keinesfalls von Wasser umspült.

Nach der akustischen Ankündigung des Schlüpfens beginnt das Junge am stumpfen Pol die Schale zu durchbrechen und arbeitet im Verlaufe von mehreren Stunden ein kleines Loch heraus. Ein von mir kontrolliertes Gelege zeigte um 11.00 Uhr noch keine Sprünge in der Schale. Gegen 13.30 Uhr war zwar die Kalkschale eines Eies von etwa 0,5 cm^2 Größe weggebrochen, aber die Schalenhäute waren noch unversehrt (Abb. 23). Um 16.00 Uhr waren auch die Schalenhäute zerrissen, und die Lochgröße war auf 1 cm^2 erweitert. Um 18.00 Uhr war das Loch etwa 2 cm^2 groß (Abb. 24) und wurde bis 20.00 Uhr nicht mehr erweitert. Am nächsten Morgen um 6.00 Uhr lagen von diesem Ei nur noch die Schalen- und Schalenhautreste im Nest. Das Junge war also in der Nacht geschlüpft. Hick (1963) gibt allerdings an, die Jungen bohrten vor dem Kuppenabheben kein Loch von innen heraus. Das kann ich nicht bestätigen.

Der eigentliche Schlupfakt, bei dem der Schalenteil am stumpfen Pol als Ganzes weggedrückt wird, nimmt nur wenige Minuten bis eine Stunde in Anspruch (Heinroth 1922 und 1928).

Die Pausen zwischen dem Schlüpfen der Jungen entsprechen häufig nicht dem Legeintervall. Darauf verweist auch Onno (1960): „Im Durchschnitt folgen die Ausschlüpfungen einander in etwas schnellerem Tempo als die Ablage einzelner Eier. Daher ist die Brutdauer bei den früheren Eiern etwas länger als bei den späteren." Die Ursachen für das unterschiedliche Schlüpfen können wir zum Teil im unterschiedlichen Beginn und in der anfänglich unterschiedlichen Bebrütungsintensität suchen. In einem Gelege, dessen Eier in 48stündigem Abstand gelegt wurden, schlüpften die Jungen am 2., 4., 5. und 6. Juli (eigene Beobachtungen). Nach Riviere (1932) schlüpften aus einem Vierergelege die ersten Jungen in täglichen Abständen, das vierte erst nach zwei weiteren Tagen. Es gibt also noch andere Gründe für die unterschiedlichen Schlupfintervalle.

Die Eier benötigen wahrscheinlich nicht die hohe Luftfeuchtigkeit, wie Heinroth (1928) annahm. Krause (in Wobus 1964a) ließ auf völlig trockenen Rosten im Brutschrank Eier ausbrüten, aus denen die Jungen ohne Komplikationen ausschlüpften.

Die brütenden Altvögel ändern während der Schlupfzeit ihr Verhalten. Es entspricht den Beobachtungen am Rothalstaucher (Wobus 1964a): Der Brüter steht häufiger auf als sonst und stochert öfter im Nest umher. Auch bei unserer Art werden die Flügel ab und zu „hochgerafft", wodurch das Rückengefieder etwas unordentlich wirkt (Abb. 13).

Das Verhalten des Brutpaars zum Gesamtgelege wird von einigen Autoren etwas eigenartig beurteilt. So schreibt Schiermann (1927): „Wenn der brütende Vogel den ersten Jungvogel im Gefieder am eigenen Körper merkt, dann ist offenbar der Zweck des Brütens bei ihm völlig erreicht, und nur noch der Trieb zur Pflege des Ersterbrüteten scheint ihn von nun an völlig zu beherrschen. Da beide Eltern brüten, so dürfte sich dieser Vorgang verschiedentlich noch einmal wiederholen, und 2 Junge sind das Ergebnis eines Geleges zu 4 oder 5 Eiern." Diese Ansicht, daß die Paare das Restgelege nach dem Schlüpfen der ersten (beiden) Jungen verlassen, findet sich sogar noch in neueren Standardwerken (Berndt und Meise 1962, Bauer und Glutz 1966). Solche Angaben beruhen nicht auf exakten Untersuchungen, sondern wurden wohl einfach immer übernommen. Während meiner Beobachtungstätigkeit an Haubentauchernestern konnte ich kein einziges Mal ein vorzeitiges Verlassen eines beim Schlüpfen befindlichen Geleges notieren, obwohl ich manche Nester sehr häufig — an einigen Tagen sogar in stündlichen Abständen! — kontrollierte und auch durch das Anbauen von Verstecken und durch das Fotografieren enorme Störungen auftraten. Einem normalerweise vorzeitigen Verlassen, wie es Schiermann annimmt, widerspricht allein schon die biologische Funktion des tagelangen vorherigen akustischen Ankündigens der schlupfreifen Jungen. Neugeborene wiegen nach Heinroth (1928) 23,5 bis 25 g.

17.2. Verhalten der Jungen nach dem Schlüpfen

Das Trocknen der geschlüpften Jungen nimmt nur etwa 30 Min. in Anspruch. Die Kleinen versuchen bereits kurze Zeit nach dem Schlüpfen auf den Rücken des brütenden Altvogels zu gelangen (Abb. 31—33). Es wird dabei nicht immer der leichtere Weg über den auf dem oberen Nestmuldenrand aufliegenden „Schwanz" gewählt. Sehr oft konnte ich auch beobachten, wie sich die einen bis wenige Tage alten Erstgeschlüpften auch von den Seiten her auf den Rücken hochstrampelten. Das Elterntier hebt währenddessen helfend die oder den Flügel leicht an.

Während die Jungen in den seitlichen Federtaschen sitzen, sah ich den weiterbrütenden Altvogel von Zeit zu Zeit etwa jeweils 10 bis 30 Sek. die leicht angehobenen Flügel vibrierend bewegen. Ob dies zur besseren Versorgung der Jungen mit Frischluft dient? Frischgeschlüpfte Junge, die man am Nest vorfindet, kriechen gewöhnlich suchend auf dem Nest, manchmal bis zum Wasserrand, hin und her, verlassen es aber vorerst selten. Sind sie etwas älter, schwimmen sie wohl häufig weg, kehren aber ebenso oft wieder zum Nest zurück und kriechen wieder auf dem Nest suchend umher. Ein etwa einen Tag altes Junges schwamm, so oft ich es wegsetzte, immer wieder zu mir heran. Sobald es mein nacktes Bein berührte, drückte es sich, wohl der Wärme wegen, ruhig werdend dagegen.

Die Funktion der Kopffärbung diskutiert Wobus (1964a) ausführlich, so daß hier auf ein näheres Eingehen verzichtet werden kann. Diese nackten roten Stellen werden, wenn das Junge abkühlt, innerhalb von wenigen Minuten blaß, was mit der geringer werdenden Durchblutung zusammenhängt. Sie dienen wohl doch zur Ermittlung einer Wärmequelle. Hick (1963) bemerkte noch, daß sich die nackten Stellen „immer dann intensiv rot färbten, wenn man sich mit dem Tier beschäftigte oder es fütterte". Auch hier fördert die dadurch entstandene erhöhte Kreislauftätigkeit eine bessere Durchblutung und damit eine verstärkte Rötung. Sie vermutet aber, daß es sich hierbei um Signalfarben handeln könne, „die bei den Eltern bestimmte Reaktionen, z. B. Fütterung und Betreuung, auslösen".

17.3. Entwicklung der Jungen und Aufzucht durch die Eltern

1. Lebenswoche. Die Jungen verbleiben in den ersten Tagen ihres Lebens zum größten Teil im Rückengefieder des auf dem Nest sitzenden Altvogels. Sie besitzen jedoch ein großes Bewegungsbedürfnis und verhalten sich deshalb selten ruhig. Unablässig klettern sie hin und her, kriechen am elterlichen Körper entlang im Nest herum und schieben sich erneut in die Federtaschen auf dem Rücken (Abb. 33). Darin sitzen sie erstaunlich fest. Ein durch meine plötzliche Annäherung überrascht vom Nest abgehendes Männchen verlor die zwei erstgeschlüpften Jungen erst nach reichlich 20 m Fluglauf.

Ob die Alten ihre Jungen auch ohne zwingenden Grund beim Fliegen öfter mitnehmen (Friderich 1891) ist ungewiß und auch unwahrscheinlich, zumal sie nach Friderich im Brustgefieder (!) gehalten werden. Heinroth (1928) berichtet allerdings, daß Haubentaucher geschossen wurden, die im Flug Junge bei sich trugen. Wie die Jungen im Flug gehalten werden bzw. wie sie sich halten, ist noch unbekannt.

Während des Tauchens bei Gefahr werden die Jungen ebenfalls öfter mit unter Wasser genommen. Doch auch hier sah ich, wie die Jungen nach einer Tauchstrecke von 10 bis 20 m wie Korken an die Wasseroberfläche kamen. Ich vermute, daß die Jungen von den Eltern beim „freiwilligen" Tauchen nicht mitgenommen werden.

Die Jungen erhalten vom ersten Lebenstag an vom nichtbrütenden Elter Nahrung. Sie besteht, wie auch die Abb. 37 u. 38 beweisen, sowohl aus Insekten, Insektenlarven als auch aus kleinen Fischen. Geiger (1957) vermutete an Hand von Erlegten (Vater und drei Junge), daß die Jungen in den ersten Tagen nur Insekten erhalten, da der Vater Reste von 13 kleinen Fischen im Magen hatte, die Jungen dagegen nur Insektenteile.

Beim Heranschwimmen zum Nest taucht der Altvogel die Beutetiere in Abständen von wenigen Sekunden immer wieder kurz unter. Der Zweck ist nicht klar. Ein Feuchthalten der Nahrungstiere scheidet auf dem kurzen Weg — er sucht jetzt meist nur in 3 bis 10 m Entfernung die Nahrung — wohl aus.

Auf das Locken des Herankommenden schieben die Jungen zumindest die Köpfe aus dem Eltergefieder. Sehr häufig rutschen, ja kollern sie sogar vom Rücken hinunter und kriechen dem Nahrungsbringer bis zum Nestrand entgegen.

Der brütende Taucher bietet den Jungen vom ersten Tage an sowohl kleine Federn (Abb. 40) als auch winzige Pflanzenstückchen an, die von den Kleinen gefressen werden. Gelegentlich gehen die Jungen bereits freiwillig ins Wasser, teils nur, um zum Rücken des anderen Elter zu kommen. Von Anfang an picken sie nach auf dem Wasser schwimmenden Partikeln (Insekten?) und verschlucken das Aufgelesene.

Zwischen den Partnern gibt es von Anfang an keine strenge Arbeitsteilung, was von anderen Autoren oft behauptet wird.

Selbst die zuerst geschlüpften Jungen bleiben nicht nur auf dem Rükken des brütenden Eltervogels, wie Abb. 39 zeigt. Sogar der futterbringende Altvogel trägt Junge (Abb. 39). Die Jungen sah ich im Verlauf weniger Stunden die Rücken der Eltertiere wechseln (Abb. 62).

Abb. 62. Der Fuß als „Kletterhilfe" für die Jungen.
Nach Sokolowski 1967

Doch treten bereits im jüngsten Alter Perioden des Stillsitzens ein. Dann spürt man die Jungen für 10 bis 30 Min. nicht. Auch am völlig reglosen Sitzen des weiterbrütenden Altvogels ist zu erkennen, daß die Jungen keine Bewegungen verursachen.

Die Fütterungsabstände sind sehr unterschiedlich. Manchmal blieb der nichtbrütende Taucher eine halbe Stunde oder länger vom Nest weg, und der Partner brütete ruhig, sich nicht mit den Geschlüpften beschäftigend. Dann wieder notierte ich innerhalb einer Minute bis zu 3 Fütterungen.

Männchen und Weibchen wechseln auch in dieser Periode im Brüten und Nahrungssuchen ab. Da keine strenge Arbeitsteilung herrscht, vermag auch jeder Haubentaucher bei Verlust des Partners die Jungen allein großzuziehen. Harrisson (1932) nennt einen Fall, bei dem das Weibchen 7 Wochen auf zwei tauben Eiern weiterbrütete, während das Männchen das aus einem Ei geschlüpfte Junge selbständig großzog.

Nach dem Schlüpfen des letzten Jungen verläßt das Paar in der Regel das Nest endgültig. Diese nunmehr meist stark zusammengetrampelten — in den letzten Tagen läßt die Bautätigkeit rapide nach — Plattformen bauen Bleßrallen sehr häufig zu Ruhenestern aus und verwenden sie zur Aufzucht der eigenen Jungen.

Nur sehr selten kehrt die Taucherfamilie nochmals zum Nest zurück. Lediglich einmal beobachtete ich ein Paar noch drei Tage nach dem Schlüpfen des letzten Jungen am Nistplatz, wobei das Weibchen mit den Jungen auf dem Rücken sowohl häufig auf dem Nest saß als auch in unmittelbarer Nähe umherschwamm.

Hat das Paar das Nest endgültig verlassen, trägt das Weibchen die Jungen etwas häufiger als das Männchen. Bei ihrem großen Wärmebedürfnis verlassen die Jungen nur sehr selten freiwillig den Rücken des Eltertieres. Ab der dritten bzw. vierten Lebenswoche gehen sie häufiger freiwillig ins Wasser. Berndt (MS) nennt sogar 2 Fälle, in denen je ein 6wöchiger Jungvogel „auf dem Rücken eines tief im Wasser liegenden Altvogels“ saß.

In der ersten Zeit sorgt bei dem noch relativ geringen Nahrungsbedarf der Jungen ein Partner allein für Futter. In dieser Zeit wird die Beute stets auf dem Rücken eines Altvogels übernommen. Bei nur einem Jungen obliegt die Futterbeschaffung nach Harrisson (1932) allein dem Männchen. Die Nahrung wird meist in unmittelbarer Nähe der Jungen gefangen. Mitunter wird das Futter aber auch aus größeren Entfernungen — Berndt MS; über 250 m — teils schwimmend, teils tauchend zu den Jungen transportiert.

Ein männliches Junges nahm in der ersten Lebenswoche täglich durchschnittlich 5 g zu (Hick 1963, Gefangenschaftsbeobachtung). Der Nahrungsbedarf nimmt dann rasch zu. Hick (1963) verfütterte an einen 6 Tage alten Jungvogel bereits 27 kleine Stichlinge. In diesem Alter kann man auch noch nicht von Tauchen, sondern lediglich von mißglückenden Tauchversuchen sprechen: Die Kleinen versuchen bereits mit unter die

Wasseroberfläche gehaltenem Kopf und zugleich arbeitenden Beinbewegungen zu entkommen. Die ersten Putzbewegungen sah H i c k (1963) am 4. Tag, das erste Gefiederfetten am 7. Tag.

A b 2. L e b e n s w o c h e. Mit dem Älterwerden verlassen die Jungen nun auch öfter die wärmenden Federtaschen des Altvogels. Dies führt häufig (H a r r i s s o n 1932), aber nicht immer zu einer Familienteilung. In diesem Fall sorgt jeder Partner selbständig für einen Teil der Jungen. Da jeder Elternvogel „seine" Jungen führt und füttert, kann man dann gewissermaßen von „Männchenjungen" und „Weibchenjungen" sprechen (H a r r i s s o n 1932). Die Trennung soll teilweise so scharf sein, daß unter Umständen wechselweise Junge des Ehepartners angegriffen (!) werden.

Der nahrungbringende Altvogel kommt dem bettelnd heranschwimmenden Jungen teils über, teils unter Wasser entgegen. Die Nahrungsübergabe erfolgt in zunehmendem Maße auf dem Wasser von Schnabel zu Schnabel. Sie wird nach meinen Beobachtungen nie, wie es Autoren früher beschrieben, auf das Wasser vorgelegt. Das betont bereits G r o e b b e l s (1932).

Das Junge verschlingt den übernommenen Fisch kopfvoran mit schräg nach vorn und hoch gehaltenem Hals und Schnabel. Sind mehrere Junge mit Nahrung zu versorgen, erhält gewöhnlich das dem Altvogel nächste das Futter. Die manchmal zu beobachtenden großen körperlichen Unterschiede der Nestgeschwister sind wohl vor allem darauf zurückzuführen. Bei einem Familienverband will G r o e b b e l s (1932) die Fütterung in einer bestimmten Reihenfolge gesehen haben. H a r r i s s o n (1932) beobachtete bei 3—4 Wochen alten Jungen oft eines, das doppelt so groß wie die übrigen war. Größenunterschiede können bei gleichaltrigen Jungen auch geschlechtsbedingt sein. Nach H i c k (1963) nahm ein weibliches Junges nicht in demselben Maße zu wie ein männliches. In diesem Altersabschnitt beginnt auch ein rasches Wachstum der bis dahin verhältnismäßig klein gebliebenen Flügel.

Die Bettelintensität ist unterschiedlich und hängt wahrscheinlich mit dem Sättigungsgrad zusammen.

Nach G r o e b b e l s (1932) reagieren die Jungen auf die herankommenden Futterbringer erst auf eine geringe Entfernung. Dies kann ich nicht bestätigen. Futterbringenden Altvögeln schwimmen sie bettelnd selbst auf 40 bis 50 m Entfernung entgegen. Dabei kann es vorkommen, daß irrtümlicherweise fremde Taucher angebettelt werden und nun von diesen verjagt werden. H o f e r (1969b) sah sogar einmal, wie zwei 7—8 Wochen alte Haubentaucher eine Bleßralle anbettelten. Diese flüchtete daraufhin, fühlte sich demnach bedroht.

Viele Familien nutzen ein gemeinsames Nahrungsterritorium. Hier kann man, wenn mehrere Paare Junge führen, die einzelnen Familienverbände nicht mehr auseinanderhalten, zumal häufig Männchen und

Weibchen jeweils Junge allein großziehen. Hinzu kommt noch, daß die größerwerdenden Jungen selbständige „Ausflüge“ unternehmen und für längere Zeit ganz für sich allein umherschwimmen. Andererseits lernte ich auch Paare kennen, die bis zum Selbständigwerden der Jungen ihr — etwas ausgedehnteres — Brutterritorium nicht freiwillig verließen und bei Zwangsvertreiben (durch Menschen mit Kähnen oder Booten) unmittelbar danach mit ihren Jungen wieder dorthin zurückkehrten.

Hick (1963) ermittelte eine durchschnittliche tägliche Gewichtszunahme des oben genannten Jungen mit 16 g in der zweiten und mit 20 g in der dritten Lebenswoche.

Suetens (1960) nennt bei der Jungenfütterung zwei Intensitätsgipfel: vormittags und nachmittags. Nach seinen Feststellungen versorgen sich die Alten vor allem morgens und abends.

Die Tauchfertigkeiten entwickeln sich recht schnell. Wir konnten einen 15 Tage alten Haubentaucher (Abb. 42) vom Kahn aus erst nach längerer Zeit und unter großen Mühen fangen. Er tauchte jedesmal kurz bevor wir ihn zu fassen bekamen gewandt unter und blieb einige Sekunden unter Wasser. Die dabei zurückgelegte Tauchstrecke betrug schon etwa 10 bis 15 m. Erst als er ermüdete, konnten wir ihn greifen. Auch Hick (1963) sah die gefangengehaltenen Jungtaucher mit 18 bzw. mit 21 Tagen zum ersten Male tauchen. Diese Feststellungen sind um so beachtenswerter, als nach Harrisons (1932) Angaben die Jungen erst mit 6 Wochen notdürftig tauchen können.

Die von Hick (1963) aufgezogenen Taucher fraßen etwa vom 20. Tag an ihre eigenen Federn, die sie beim Putzen aufnahmen, und im Alter von 22 bzw. 28 Tagen täglich ungefähr 38 Fische von je 6—10 g, also bereits so viel wie alte Taucher.

Groebbels (1932) zählte Fütterungen von 3 halbwüchsigen Jungen durch ein Paar. In einer Stunde notierte er 13, in weiteren 50 Min. 7 und während einer anderen Stunde 5 Fütterungen. Daran war das Weibchen insgesamt 10mal und das Männchen 15mal beteiligt.

Inwieweit die Alten den Jungen beim Tauchenlernen Anleitung geben, ist nicht bekannt. Nach meinen Beobachtungen besteht zu dieser Annahme keine Ursache, da es sich wohl um eine angeborene Triebhandlung handelt.

Suetens (1960) sah einen alten Haubentaucher mit einem Fisch im Schnabel dreimal tauchen, wodurch das Junge ebenfalls zum Tauchen veranlaßt worden sein soll. Erst dann erfolgte die Nahrungsübergabe. Er schließt daraus, daß die Jungen so zum Üben des Tauchens gebracht würden.

Die von Hick (1963) großgezogenen Taucher vermochten im Alter von 15 bzw. 21 Tagen ins Wasser gesetzte Fische noch nicht zu fangen, obwohl sie bereits danach schnappten. In den folgenden Tagen lernten sie Fische aus der unter Wasser gehaltenen Hand zu holen, und im Alter von 33 Tagen konnten sie selbständig Fische fangen. Nach den Angaben

Führungszeit 13 Wochen

der Autorin „konzentrierten sie sich immer auf einen bestimmten Fisch, den sie verfolgten, selbst wenn andere in ein günstigeres Blickfeld kamen“. Mit 38 Tagen konnten sie im Weiher selbständig Fische fangen. Das Männchen wog jetzt 550 g, das Weibchen aber nur 350 g. Doch diese Gefangenschaftsbeobachtungen können nicht ohne Vorbehalt auf die Verhältnisse in der freien Wildbahn übertragen werden. Ihrem Verhalten und ihren Fertigkeiten haftet zu sehr die lenkende Hand des Menschen an.

Die selbständige regelmäßige Unterwassernahrungssuche, gleichbedeutend mit Beendigung der Führungszeit der in Freiheit aufgewachsenen Jungtaucher, setzt frühestens im Alter von 9 Wochen ein. Die Führungszeit dauert in der Regel 11—13 Wochen, kann sich aber bis zu 16 Wochen (Hofer 1969b) hinziehen. Die Jungen betteln dann häufig noch um Futter, werden aber von den Alten in zunehmendem Maße verjagt. Das schließt nicht aus, daß den Jungen zwischendurch wieder einmal Nahrung angeboten wird. Die Vertreibungen der Jungen durch die Eltern erfolgen nach Kunz (1963) stets wassertretend. Er beobachtete das Verjagen älterer Junger vor allem dann, wenn jüngere Geschwister (2. Brut!) versorgt werden mußten, aber auch dann, wenn keine Nachwuchsgeneration dazu zwang.

Nach der Familienauflösung, sofern sie im Spätherbst erfolgt, verbleiben die erwachsenen Jungen oft länger am Brutplatz als die Eltern, die dort zur Brut geschritten waren (Kunz 1963, Hauri 1964).

17.4. Veränderte Verhaltensweisen bei Mehrfachbruten

Die normalen Verhaltensweisen ändern sich bei Mehrfachbruten insofern, als die einzelnen Bruten mehr oder weniger ineinandergeschachtelt sind und die Jungen der ersten Brut noch nicht ganz selbständig sind, zum Teil aber doch bereits Verhaltenselemente erwachsener Vögel zeigen. Diese Beobachtungen und Mitteilungen verdanken wir vor allem Hofer (1969b) und Kunz (1963).

Nach dem Schlüpfen der Jungen der zweiten (bzw. dritten) Brut zeigen die Eltern gegenüber den Jungen der ersten Brut teils Führungs-, teils Fütterungsverhalten, teils aber sogar Angriffsverhalten. Das kann durchaus wechselweise an einem Tag vorkommen. Auch die Jungen einer früheren Brut zeigen unterschiedliches Verhalten. Einesteils verschlingen die erwachsenen, etwa 10 Wochen alten Jungen die von den Eltern übergebene Nahrung im Beisein der Zweitbrutgeschwister selbst, zum anderen verfüttern sie die Beute „meistens (siebenmal) aber an ein kleines Geschwister-Junges, wobei er (es) den Fisch manchmal noch töten und etwas zerkleinern mußte“ (Kunz 1963). Durch das teilweise Zusammenleben von drei bzw. vier Generationen ergaben sich dann folgende unterschiedliche Fütterungsweisen:

Familienauflösung

1. Altvogel übergibt Nahrung dem kleinsten Jungen, wehrt älteres Junges ab.
2. Altvogel übergibt die Nahrung dem älteren Jungen.
3. Das ältere Junge schwimmt dem Elter bettelnd entgegen, nimmt aber die Beute nicht ab, sondern überläßt sie dem jüngeren Geschwister.
4. Das ältere Junge frißt die erhaltene Beute selbst.
5. Das ältere Junge verfüttert die erhaltene Nahrung an das jüngere Geschwister.
6. Das ältere Junge fängt selbst und füttert sein kleines Nestgeschwister.
7. Das ältere Junge frißt die selbstgefangene Beute selbst.

Zweit- oder gar Drittbrutjunge können also durchaus ein erwachsenes Geschwister als Elter betrachten.

Bei diesen Familien mit Jungen verschiedenen Alters beobachtete Kunz (1963), „daß der Alte aber auch bisweilen anscheinend in Konfliktsituationen geriet". Als sich die Jungen der dritten Jahresbrut in fortgeschrittener Zeit nicht mehr so sehr von denen der zweiten Brut unterschieden, konnte es vorkommen, daß der Alte die kleineren Jungen fortbiß. Einmal beobachtete dieser Autor sogar, wie ein Altvogel dem jüngsten den kurz zuvor übergebenen Fisch wieder entriß und an das ausgewachsene Junge verfütterte. Einmal erlebte er es, wie ein Zweitbrutjunges einem Elter den nicht für ihn bestimmten Fisch entriß und fraß. Einmal nahm ein älteres Junges die Beute selbst noch aus dem Schnabel des Drittbrutgeschwisters.

Wir sehen, daß es in Familien mit mehreren Jahresbruten zu einem beträchtlichen „Durcheinander" kommen kann, ausgelöst durch gleichzeitiges Auftreten verschiedener entgegengesetzter Verhaltensweisen. So kann im letzten, sich auflösenden Familienstadium nicht mehr eindeutig Bettel- von Drohverhalten unterschieden werden.

17.5. Bruterfolge

Die geringe Jungenzahl der Haubentaucherpaare fiel bereits den älteren Ornithologen auf. Dies wird teils auf ein häufiges Zugrundegehen (Floericke 1898), teils auf unbefruchtete Eier (Naumann 1905) zurückgeführt. Onno (1960) fand aber in 50 Lappentauchernestern nur 17 Eier, aus denen keine Jungen schlüpften, davon Eier aus 5 Nestern, die vollentwickelte Embryonen enthielten, die übrigen waren taub.

Bis in die neueste Zeit hat sich die Version gehalten, daß die Haubentaucher, besonders infolge häufiger Störungen, ihre Restgelege nach dem Schlüpfen der ersten Jungen verließen. Ich wies bereits darauf hin, daß dies nicht den Tatsachen entspricht. Bei meinen Ansitzen an Nestern in den Oberlausitzer Teichen bemerkte ich, daß sich während der Bebrütung des Restgeleges die Jungenzahl nicht im gleichen Maße erhöhte wie die Eizahl abnahm. Es muß deshalb während des — oder der — ersten Lebenstage(s) eine außergewöhnlich hohe Jungensterblichkeit vorhanden sein, deren Ursache zum Teil in der häufigen Unterkühlung der besonders wärmebedürftigen Jungen vermutet werden kann.

Andererseits deuten auch die Aufzuchtschwierigkeiten geschlüpfter Junger, die meist nach spätestens vier Tagen starben (Heinroth 1928, Hick 1963), auf ernährungsbiologische Schwierigkeiten hin, die erst durch Hick in neuerer Zeit überwunden wurden. So ist es denkbar, daß bei gewissen Mängeln in der Nahrungsbilanz, die ja auch unter „natürlichen" Bedingungen eintreten können, eine erhöhte Kleinst-Jungen-Mortalität auftreten kann. Die Jungensterblichkeit kann bisweilen zur restlosen Vernichtung der Nachkommenschaft eines Paares führen. Ich hatte oft Paare unter Kontrolle, die wohl sämtliche Eier ausbrüteten, dann aber nach wenigen Tagen kein einziges Junges mehr führten. Hinzu kommt noch die überaus starke Vernichtung von Nestern durch die verschiedensten Ursachen (siehe Kap. 19!). Leider liegen nur von wenigen Brutplätzen oder größeren Gebieten Untersuchungen über Bruterfolge vor. Bei den Angaben muß noch berücksichtigt werden, daß die gezählten Jungen jeder Altersstufe angehören können und deshalb bis zum Flüggewerden noch — wenn auch relativ wenig — Abgänge zu erwarten sind!

Autor	Gebiet	Junge je erfolgreich brütende Paare	Junge je Gesamtpaare	Durchschnitt
Harrisson und Hollom (1932)	Großbritannien	?	431 P/589 J	? /1,3
Venables und Lack (1934)	Großbritannien	(1932/33 bei geringem Schutz)		? /1,5
		(1934 mit mehr Schutz)		? /2,5
Suetens (1960)	Belgien	44 P/128 J	55 P/128 J	2,9 /2,3
Bezzel (1970)	Südbayern	146 P/349 J	?	2,4 /1,2
		111 P/243 J	?	2,2 /1,8
Krause (1960)	Oberlausitz	84 P/ 98 J	?	? /1,17
Melde (Tageb.)	Oberlausitz	74 P/166 J	126 P/166 J	2,24/1,3
Krägenow und Schwarz (1970)	Kreis Röbel	76 P/157 J	83 P/157 J	2,06/1,9

Nestzerstörungen und -plünderungen wirken sich besonders negativ auf den Bruterfolg aus. So zogen beispielsweise auf dem Biehlaer Großteich 1970 von 13 Paaren nur 2 Paare insgesamt 2 Junge und 1971 von 9 Paaren lediglich 2 Paare insgesamt 6 Junge groß. Ähnlich geringe Nachwuchsziffern nennt Wobus (1964b) aus den Teichgebieten um Niesky.

Unter günstigen Bedingungen kann auch das Gegenteil eintreten: von 9 Paaren führten einmal 6 Paare je 3 und 3 Paare je 4 Junge (W o b u s 1964b).

Auszählungen jungeführender Paare in Oberlausitzer Teichgebieten ergeben folgendes Bild (briefliche Mitteilungen):

Beobachter	Teichgebiet	Anzahl der Jungen je Paar				
		1	2	3	4	
H u m m i t z s c h	Moritzburg/ Zschorna	21	36	23	14	
M e n z e l , H.	Teiche um Lohsa	11	8	5	3	
S c h u l z e	Teiche um Uhyst/Spree	33	16	7	1	
S c h l u c k w e r d e r	„Oberlausitzer Teiche“	0	5	18	32	
M e l d e (Tageb.)	Teiche im Kreis Kamenz	18	29	18	9	
		83	94	71	59	= 307 Paare mit 720 Jungen im Durchschnitt 2,34 J/P
	in %	27,0	30,6	23,2	19,2	
Zum Vergleich eine Erfassung von vier Plätzen im Kreis Röbel durch K r ä g e n o w und S c h w a r z (1970)		17	38	20	1	
B e r n d t (MS) verzeichnet aus Schleswig-Holstein eine durchschnittliche Schofgröße von 2,16 (n = 598). Er gibt auch eine Übersicht der Größe bis 2 Wochen alter Jungenschofe (n = 176)		40	85	43	8	im Durchschnitt 2,10

Eigenartigerweise steigt die durchschnittlich geführte Jungenzahl je Paar mit zunehmendem Alter der Jungen an:

Durchschnittliche Schofgröße	bis 2 Wochen alt	2,10 (n = 176)
	bis 4 Wochen alt	2,17 (n = 129)
	älter	2,48 (n = 137).

Diese nicht erwartungsgemäßen Feststellungen begründet B e r n d t

(MS) so: „Der Anstieg der Schofgröße mit zunehmendem Alter beruht sicherlich auf zunehmenden Totalverlusten."

Aus der Oberlausitz sind keine Paare bekannt, die 5 Junge führten. Harrisson und Hollom (1932) nennen mehrere Fälle aus Großbritannien. Groebbels (1958) beobachtete 1956 einen Altvogel mit 5 Jungen auf dem Schmalsee im Nordosten der BRD.

18. Wanderungen und Winterquartiere

18.1. Abzug aus dem engeren Brutgebiet

Paare, deren Gelege — und auch die eventuell gezeitigten Nachgelege — zerstört worden waren, verlassen bald wieder die heimischen Gewässer in der Oberlausitz. Bereits ab Ende Juni halten sich auf verschiedenen Teichen fast ausschließlich die noch brütenden Paare oder Familienverbände auf. Die Nichtbrüter sind an unbekannte Gewässer gezogen. Auf den benachbarten Teichgebieten oder auf Stau- und Grubenseen kann man um diese Jahreszeit keine auffällige Erhöhung der Individuenzahlen feststellen. Möglicherweise fliegen sie die größeren Seen unserer mittleren Bezirke und der Mecklenburgischen Seenplatte an. Tischler (1941) machte auf die Ansammlungen „brutlos gewordener (?)" Haubentaucher an der Ostseeküste aufmerksam.

Auch Berndt (MS) berichtet von auf den Küsten- und Binnengewässern Schleswig-Holsteins „übersommernden" Trupps in Mengen zwischen meist 10—30, aber auch bis 80, in einem Falle sogar 180 Stück. Er schätzt, daß die Summe der Nichtbrüter in diesem Raum 300—500 Ex. nicht übersteigt.

Die jungeführenden Paare verbleiben in der Oberlausitz auf den kleineren Brutteichen gewöhnlich nicht viel länger als bis zur Familienauflösung. Teile dieser Populationen wandern dann ebenfalls ganz ab, andere halten sich im Spätsommer auf größeren Gewässern (etwa ab 50 ha) auf.

Nach Berndts (MS) Ermittlungen werden die ersten Jungen Mitte Juli flügge, bis Ende des Monats etwa 5%, bis Ende August 72%, und bis Ende September sind 96% der Jungen flügge. In Schleswig-Holstein verlassen demnach die ersten Haubentaucher Anfang bis Mitte Juli die Brutgewässer, was mit den Oberlausitzer Verhältnissen übereinstimmt. Die letzten vollständigen Familien wurden nach Berndt (MS) noch Mitte Oktober auf den Brutgewässern bemerkt. Dies bezieht sich aber nur auf die leicht überblickbaren kleineren Gewässer. „Die Verhältnisse auf den großen Seen sind dagegen noch unklar."

In Großbritannien nehmen die Haubentaucher ebenfalls ab Juli auf Nichtbrutgewässern zu (Harrisson und Hollom 1932).

Der Abzug von den Brutgewässern erfolgt in der Oberlausitz meist getrennt: die Alten verschwinden gewöhnlich eher als die Jungvögel. In Großbritannien beobachtete Gunn (in Harrisson und Hollom 1932) das Füttern von flüggen Jungen durch die Eltern auf Nichtbrutgewässern. Dies deutet auf ein Ziehen in Familienverbänden.

Aus Masuren beschreibt Tischler (1941) ein seewärts gerichtetes Streben: „Es scheint fast so, als ob von August und September ab die Haubentaucher sich allmählich von den Haffen (und vielleicht auch von den Binnengewässern?) immer mehr nach der See in großen Scharen zusammenziehen.“ Er nennt dann auch Beispiele seewärts ziehender Trupps. Vielleicht liegen im übrigen mitteleuropäischen Raum — wenigstens östlich der Elbe — ähnliche Verhältnisse vor. Schuberts (1961) Beobachtungen vom Schweriner See und Nehls (1968) Angaben von Langenwerder scheinen dies zu bestätigen. Auch Harrisson und Hollom (1932) erwähnen frühzeitigen Zug zur Küste (Erstbeobachtungen am Meer: 6. 8. 1930 Fifeshire coast; 25. 8. 1929 Isle of Man).

Ein Verbleiben der Paare auf dem Brutgewässer bis zum Spätherbst, wie es Kunz (1963) und Hauri (u. a. 1966) für ihre in der BRD und in der Schweiz gelegenen Beobachtungsgebiete nennen, kann in der Oberlausitz nirgends bestätigt werden.

In Belgien verlassen zahlreiche Paare sogar ihre Brutterritorien nicht (Suetens 1960).

18.2. Wanderungen

Da viele unserer Brutgewässer schon sehr früh verlassen werden und sich die Taucher auf größeren Gewässern sammeln, ist eine einwandfreie Trennung in aus den umliegenden Brutgebieten stammende Sammeltrupps und bereits auf dem Durchzug befindliche Verbände nicht möglich. Wir können daher schwerlich entscheiden, wann der eigentliche Herbstzug beginnt.

Im Westsibirischen Tiefland findet der Herbstzug — trotz der späten Ankunft! — bereits in der zweiten Septemberhälfte statt (Johansen 1959). Vereinzelte Nachzügler verweilen bis zum 25. 10. Dementjew und Gladkow (1951) geben als Hauptzugzeiten an: Mitte Oktober bis Mitte November für Turkmenien, Oktober bis Dezember für Transkaukasien.

In der Estnischen SSR verlassen die Haubentaucher ihre Nistgewässer schon in der zweiten Augusthälfte — wohl nur Abzug aus dem Brutgebiet! —. Der eigentliche Herbstzug beginnt Mitte September und zieht sich bis Anfang November hin (Onno 1960).

In Masuren setzen die Wanderungen im August ein, finden aber hauptsächlich im September statt und erstrecken sich bis in den November (Tischler 1941).

Hachler (1958) gibt für Südmähren Ende September/Anfang Oktober als hauptsächliche Abzugszeiten an. Die gleichen Zeiten gelten für die Oberlausitzer Teichgebiete (eigene Beobachtungen und Hummitzsch briefl.). Steinbacher (1929) beobachtete am Müggelsee ab Oktober bis November ansteigende Haubentauchermengen. Kuhk (1939) gibt für die Mecklenburger Seenplatte Ende Oktober/Anfang November als Wegzugzeiten an.

Diese wenigen Angaben zeigen bereits ein deutliches jahreszeitliches Gefälle vom Binnenland nach der See.

Weiter nach Westen zu verschiebt sich der Herbstzug ebenfalls mehr zum Spätherbst hin. Hölzinger und Schilhansl (1967) bezeichnen den Zug im Ulmer Raum von Anfang Juli bis Mitte Oktober als schwach. Im letzten Oktobermittel setzt dort eine starke Zunahme ein, die in der ersten Novemberdekade ihren Höhepunkt erreicht.

Letztbeobachtungen werden in der Literatur so viele genannt, daß eine Aufzählung nur verwirrt. Die vielen Daten verweisen auf folgenden Tatbestand: Vereinzelte Haubentaucher — seltener Verbände — können im mitteleuropäischen Gebiet während der Wintermonate immer wieder beobachtet werden, sofern eisfreie Gewässer vorhanden sind. Wir müssen also immer mit Überwinterern rechnen. Leider kennen wir deren Brutheimat nicht.

Die Zahl der Überwinterer nimmt see- und westwärts zu. Während es im Binnenland der DDR nur zu gelegentlichem Überwintern in milden Wintern kommt, halten sich an der Ostseeküste in normalen Jahren etwa 50 Stück während dieser Jahreszeit auf (Nehls 1969). Dies verdeutlichen auch die Zahlen der ersten Mitwinterzählung vom 15. 1. 1967 (Rutschke 1969):

Thüringen	keine
Sächsische Bezirke	2
Mittlere Bezirke	9
Mecklenburger Bezirke	83
Bezirke Magdeburg, Halle	122

Das Gefälle der durchschnittlichen Temperatur je Monat zeigt deutlich ein Anwachsen überwinternder Haubentaucher.

Hölzinger und Schilhansl (1967) bezeichnen ihn im Ulmer Raum im Hochwinter als nicht häufig vorkommend (bis zur Gewässervereisung). Auch am Oberrhein zwischen Weil und Oberhausen bleiben während der kalten Jahreszeit 80 bis 330 Ex. zurück (Hölzinger u. a. 1970).

Die Schweizer Seen erhalten mehr Zuzug, so daß dort Abzugsbewegungen unerkannt bleiben bzw. nur durch Ringfunde belegt werden können.

In Belgien beginnt der Abzug der Brutvögel Anfang September (aus dem näheren Brutgebiet?), verstärkt sich im Oktober und vor allem im November und zieht sich bis zu Beginn des Dezember hin (Suetens 1960). Auch hier muß, vor allem an der Küste, mit Zuzug gerechnet werden.

Harrisson und Hollom (1932) geben für Großbritannien Mitte Oktober als Hauptzugzeit an, obgleich einige noch im November und Dezember vorkommen und vereinzelt auch überwintern. Die Verbleibenden halten sich vornehmlich in den südlichen Grafschaften, die meisten um London, auf. Insgesamt sind es nicht mehr als 500 Ex. Der Zug selbst kann nur in Ausnahmefällen direkt beobachtet werden, da der Haubentaucher fast ausschließlich Nachtzieher ist, was bereits Niethammer (1942) dokumentiert und — abgesehen von einer Ausnahme — bisher unwidersprochen blieb. Die Bestätigung finden wir auch bei Thönen (1969). Er nennt 33 in der Zeit vom 1.—18. 12. 1968 auf Asphaltstraßen oder -plätzen gefundene Haubentaucher. Er vermutet, daß die Taucher naßglänzende Flächen (Asphalt, vereiste Straßen, Schnee oder Blechdächer) irrtümlich als Rastgewässer ansehen und darauf niedergehen. Die aufgefundenen Tiere waren alle gut bei Kräften.

Andersson (1954) berichtet als einziger von tagziehenden Tauchern zwischen den Alandsinseln und der gegenüberliegenden schwedischen Küste. Zugleich wurden dort auch zwischen August und Oktober in geringer Zahl schwimmende Taucher, die Zugrichtung einhaltend, beobachtet (Geschwindigkeit etwa 2 km/h).

18.3. Winterquartiere

Schon im voranstehenden Abschnitt zeichneten sich beträchtliche Unterschiede im individuellen Verhalten innerhalb einer Population, aber auch zwischen den Populationen ab. Die einzelnen Bevölkerungsgruppen eines Gebiets steuern, wenn sie nicht zufälligerweise auf klimatisch besonders begünstigten Gewässern leben, jeweils eigene Winterquartiere an. Wo die Wintergebiete der Populationen liegen, bedarf noch umfangreicher Forschungen. Das geringe bisher vorliegende Ringfundmaterial erlaubt noch keine genauen Umgrenzungen.

Voraussichtlich stellen die Meeresküsten die bevorzugten Winterplätze dar. So werden besonders an der englischen und an der belgischen Küste überwinternde Haubentaucher beobachtet (Harrisson und Hollom 1932, Suetens 1960). Dagegen werden an der (Ost-) Küste Schleswig-Holsteins Überwinterer — nach Vereisung der Seen — in nur unbedeutender Anzahl beobachtet (Berndt MS). Ringfunde belegen den Winteraufenthalt an der französischen Atlantik- und Mittelmeerküste sowie im Binnenland.

Die Schweizer Seen bilden Überwinterungsplätze sowohl für die einheimischen Populationen (Ringfunde) als auch für Taucher von nordwärts gelegenen Brutplätzen.

Geroudet (1953) veröffentlicht eine Zählung der Haubentaucher im Winter 1952/53 auf vier Seen der französischen Schweiz: 13 600 Exemplare. Burckhardt (1958) und Leuzinger (1960, 1961 und 1964) geben die Summen der gezählten Haubentaucher aus der gesamten

Schweiz an (die Zählungen umfassen verständlicherweise nicht sämtliche Gewässer):

Winter	Exemplare	Winter	Exemplare
1954/55	12 780	1958/59	16 919
1955/56	17 778	1959/60	21 798
1956/57	15 798	1962/63	11 328
1957/58	13 637		

Auch der Bodensee gilt als beliebtes Rückzugsgebiet während der kalten Jahreszeit. J a c o b y u. a. (1970) geben die Bestandszahlen für zwei Winter an. Diese Gegenüberstellung zeigt zugleich, welche katastrophalen Auswirkungen ein strenger Winter auf eine Tierart auszuüben vermag (Abb. 63). Erst 1967 erreichten die Herbstzahlen wieder ihre alte Höhe.

B a u e r und G l u t z (1966) nennen noch allgemein das Mittelmeer und Nordafrika als Überwinterungsgebiet. Dieser bisher umrissene Raum gilt — nach den heutigen Kenntnissen — für die Brutvögel Westeuropas etwa bis zu einer Linie, die geradlinig von der Adria bei Venedig nach der Lübecker Bucht in der Ostsee verläuft. Möglicherweise finden wir hier die Zugscheide, denn alle weiter östlich von dieser Linie beringten Haubentaucher wurden in südlicher bis südöstlicher Richtung vom Heimatort gefunden (Abb. 64).

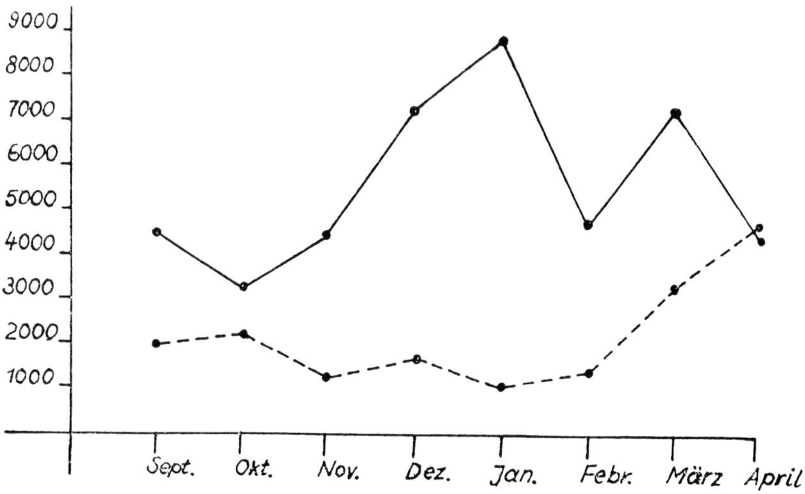

Abb. 63. Überwinterer auf dem Bodensee — — — — — — 1963/64 und ———— 1968/69. Nach den Zahlenangaben von J a k o b y u. a. 1970

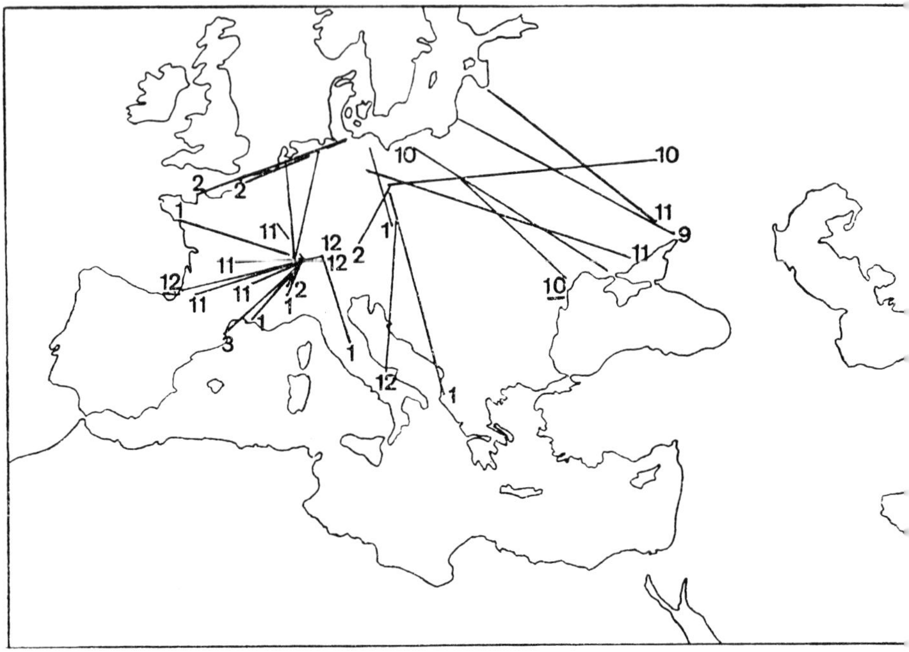

Abb. 64. Vermutliche Zugwege und Winterquartiere mitteleuropäischer Haubentaucher. Die Zahlen am Ende der Geraden geben den Monat des Wiederfunds an. Nach Ringfundmitteilungen der Vogelwarten Hiddensee, Sempach, Radolfzell und Helgoland

Die in der DDR und in der ČSSR brütenden Taucher verbringen den Winter wahrscheinlich überwiegend an der Adria. Je weiter wir nach Osten kommen, desto mehr wird die nördliche Schwarzmeerküste zum Winterquartier, vielleicht sogar das Kaspische Meer. Der Oktoberfund bei Woronesh deutet eventuell darauf hin. Bauer und Glutz (1966) nennen (für diese Populationen?) auch Vorderasien als Wintergebiet.

Dementjew und Gladkow (1951) nennen als weiter östlich gelegene Überwinterungsgebiete den westlichen Strand des Kaspischen Meeres (Dagestan), geeignete Plätze in Transkaukasien, die südliche Küste des Kaspischen Meeres, Tadshikistan, den See Issyk-Kul, Iran (Belutschistan), das nördliche Indien, Assam, Bihar, Ost-Bengalen, das östliche China und Japan.

Die größten Entfernungen legen — nach den bisher vorliegenden Ringfundmeldungen — die nach Südost wandernden Taucher zurück. Zwischen der Oberlausitz und der nördlichen Schwarzmeerküste (Asowsches Meer) liegen immerhin 1300 km.

19. Feinde und Verluste

Die im Verhältnis zur Gelegegröße relativ geringe Nachwuchsrate weist auf zwei Besonderheiten:

1. Die frischgeschlüpften Jungen werden von großen Gefahren bedroht und fallen ihnen in bedeutenden Mengen zum Opfer.

2. Die geringe Zahl der flüggewerdenden Jungen genügt zur Arterhaltung. Zur Zeit übersteigt sie sogar diese Quote, indem sie die durch Kältewinter entstandenen Lücken innerhalb weniger Jahre wieder auffüllt, sonst aber während der vergangenen Jahre zu — überwiegenden — Bestandszunahmen in vielen Gebieten Europas führte.

Einen eindrucksvollen Überblick über die Feinde des Haubentauchers und deren Anteil an Vernichtungen geben Harrisson und Hollom (1932).

Feind (Faktor)	Prozentualer Anteil an vernichteten Eiern	Jungen	Alten	insgesamt
Mensch	29	5	74	36
Säugetiere	11	7	0	6
Vögel	40	3	0	14
Fische	0	77	0	26
Wetter	20	5	12	12
Andere Ursachen	0	3	14	6
	100%	100%	100%	100%

Der Mensch steht also an erster Stelle als Feind. Wenngleich es auch wiederum der Mensch ist, der dem Taucher durch seine Tätigkeit in der Fisch- und Wasserwirtschaft viele neue Lebensmöglichkeiten geschaffen hat.

Wenn in früheren Jahrzehnten über die Abnahme dieses schönen Vogels geklagt wurde, dann müssen wir vor allem in der Gewinnsucht und in der falschen Einschätzung der Art den Grund für den Rückgang der Haubentaucher suchen. Die Fischer verfolgten ihn vor allem wegen seiner — angeblich von ihnen nicht vertretbaren, für den Fischer ertragsmindernden — Nahrungskonkurrenz. Die Jäger hingegen erkannten eine leichte Erwerbsquelle und nutzen sie aus:

Friderich (1891) „Für seinen Balg, der schöne Muffe giebt, erhält man ungefähr 4 Mark."

Floericke (1898) „In Schlesien und Ostpreußen erhält der Jäger pro Stück ca. 2 Mk. vom Kürschner."

Keve (briefl.) Die Art bei Budapest „heute kaum zu sehen, denn einige Herren brauchten Teppiche".

Johansen (1959) „Der Federbalg des Haubentauchers hat in Sibirien einen gewissen Wert als ‚Pelzwerk'."

Die Zeiten starker Verfolgung von seiten des Menschen reichen bis in die neueste Zeit. So berichten Jacoby u. a. (1970), daß beispielsweise allein im Bezirk Steckborn (Bodensee) in den Jagdperioden von 1961/62 bis 1967/68 4721 Stück erlegt wurden. Da brauchen wir uns nicht über lokale Abnahmen zu wundern! Erfreulicherweise sind ähnliche Massenstrecken infolge der Schutzmaßnahmen in vielen Ländern nicht mehr die Regel.

Vielerorts wurden die frischen Gelege, „übereinstimmend als sehr zart und feinschmeckend gerühmt", für Küchenzwecke gesammelt (Floericke 1898).

Viele Gelege fallen auch heute noch dem Schilfschnitt zum Opfer, und in neuerer Zeit wirkt sich auch der zunehmende Wassersportverkehr (Keve briefl.) hemmend auf ein erfolgreiches Brüten aus. Leider beteiligen sich auch heute noch Kinder und Jugendliche am mutwilligen Zerstören von Nestern (Keve briefl., eigene Beobachtungen). Viele Taucher ertrinken in Fischernetzen oder sterben infolge Verölung des Gefieders.

Von den Säugetieren treten Fischotter, Fuchs, Ratten (spec.?), Wiesel (Harrisson und Hollom 1932) und Bisamratten (Keve briefl.) als Vernichter von Gelegen auf bzw. stellen ihren Jungen nach. Raben- und Nebelkrähe, Saatkrähe, Elster (Harrisson und Hollom 1932) und Bleßrallen (Göttschli 1955 und eigene Beobachtungen) zerhacken Eier und fressen deren Inhalt. Dem Graureiher wurden getötete Junge nachgewiesen (Harrisson und Hollom 1932), und bei uns wurden alte Haubentaucher eine Beute des Habichts (Schnurre 1934, 1935, Fischer 1970).

Den frischgeschlüpften Jungen stellt — neben Aal und Forelle — besonders der Hecht nach (Harrisson und Hollom 1932).

Bei dieser großen Zahl an zum Teil häufig vorkommenden Feinden erklärt sich die geringe Nachkommenschaft leicht.

Ob auch Parasitenbefall in größerem Ausmaß zu Todesfällen führen kann, ist noch nicht bekannt. Genau so wissen wir nichts über in freier Natur auftretende, tödlich verlaufende Krankheiten. Die von Hick (1963) betreuten Haubentaucher starben ohne Anzeichen einer Krankheit im Alter von 51 bzw. 69 Tagen. Als Todesursache wurde durch Salmonellen hervorgerufener Paratyphus festgestellt.

Eine weitere Gefahr, die wir von den höchstwahrscheinlich dadurch in ihrem Bestand gefährdeten Wanderfalken und Seeadlern kennen, bedroht auch den Haubentaucher: die Anreicherung von Insektizid-Resten. Moore und Walker (1964) wiesen sowohl in Eiern als auch in der Brustmuskulatur angereicherte Giftreste nach. Da der Haubentaucher als fischfressender Vogel fast das Endglied einer Nahrungskette ist, besteht besonders in Fischzuchtteichen, in denen jetzt zunehmend Pestizide angewendet werden, die Möglichkeit einer Verstärkung der Anreicherung von Gift-Resten. Es sollte deshalb in Zukunft besonders auf eventuelles Zunehmen von nicht zum Schlüpfen kommenden Eiern geachtet werden. Diese Eier müssen unbedingt auf Gift-Konzentrationen untersucht werden.

20. Alter und Lebenserwartung

Auf Grund der spärlichen Ringfundmeldungen können noch keine gesicherten Angaben über Alter und Lebenserwartung gemacht werden. Die 51 von mir aus Ringfundmeldungen entnommenen Altersangaben (Geburtsdatum wurde auf den 1. 6. festgelegt) bilden sicherlich noch keinen repräsentativen Querschnitt der Alterszusammensetzung.

36 junge Haubentaucher erreichten noch nicht einmal das Alter eines Jahres (70,5%).

5 Taucher wurden zwischen einem und zwei Jahren alt (9,8%).

4 erreichten ein Alter zwischen zwei und drei Jahren (7,8%).

1 Haubentaucher wurde fast 4 Jahre alt (2%).

3 wurden zwischen vier und fünf Jahren gefunden (5,9%).

Schließlich wurde 1 Haubentaucher 5 Jahre 10 Monate und ein weiterer 9 Jahre 10 Monate (2 + 2%) alt.

Wir können beim Haubentaucher die gleiche Tatsache wie bei anderen Lappentauchern verzeichnen (siehe auch B a n d o r f 1970): Der größte Teil der flüggegewordenen Jungen erreicht noch nicht einmal das Alter eines Jahres. Die späteren Funde werden recht spärlich. Dies deutet darauf hin, daß die Taucher mit zunehmendem Alter die gesammelten Erfahrungen nutzen und vielen Gefahren auszuweichen vermögen. Anders ist es nicht zu erklären, daß bei derart hohen Verlustquoten im ersten Lebensjahr die Arterhaltung gesichert wird.

21. Wirtschaftliche Bedeutung und Bejagung

Der Haubentaucher als vermeintlicher wirtschaftlich nicht tragbarer Nahrungskonkurrent des Menschen wurde seit Beginn eines intensiven Fischfangs auf den Seen und seit einer auf größeren Erträgen bedachten Fischzucht in den Teichen arg verfolgt. Dies hat sich im wesentlichen bis heute noch nicht geändert, wenn sich auch langsam eine Meinungsänderung anbahnt.

Besonders bei konzentriertem Vorkommen des Haubentauchers werden Stimmen zur Dezimierung der Art laut. G e i g e r (1957) nahm eine Nahrungsberechnung für die Haubentaucher und eine Gegenüberstellung der Ausbeutung des Fischbestands durch den Menschen im Bielersee (Schweiz) vor. Auf Grund der von H e i n r o t h (1928) angegebenen

Nahrungsmenge von 200 g je Tag und Haubentaucher kann jährlich mit einem Bedarf von 70 kg je Tier gerechnet werden. Die 1400 Haubentaucher des Bielersees benötigen also 100 t Fische im Jahr. Die Fischer dieses Sees landen dagegen jährlich nur etwa 20—30 t Fische an. Nun fragt sich jedoch, worauf Geiger (1957) richtig hinweist, ob bei einer Senkung des Haubentaucherbestands mit einer Erhöhung des Fischfangs gerechnet werden kann. Da der See — und das gilt ja allgemein für alle Gewässer mit Ausnahme der, in denen künstlich gefüttert wird — auch für die Fische nur ein bestimmtes Nahrungsvolumen enthält, bleiben zu erwartende Mehrbestände an Fischen dadurch eventuell in geringerer Körpergröße. Dies dürfte aber wohl kaum im Sinne der Fischerei sein!

In den Fischzucht-Teichen der Oberlausitz — und in ähnlichen Gewässern anderer Gebiete — könnte es wohl hin und wieder zu Schäden kommen, wenn die Taucher auf Teichen brüten, die mit Nutzfischbrut besetzt sind. Doch hier wird der tatsächliche Schaden minimal bleiben, da auf unseren Teichen keine bedeutenden Haubentaucherkonzentrationen vorkommen. Auf Teichen, die mit größeren Fischen besetzt sind, wird der Taucher sogar noch von Nutzen sein, weil er hier die unerwünschten Wildfische (vor allem Moderlieschen und Stichlinge) dezimiert, die als Nahrungskonkurrenten der Nutzfische (vor allem Karpfen) auftreten. Der Ingenieur für Binnenfischerei U. Bräuer, Weißig, bestätigt mir den geringen Einfluß des Haubentauchers auf die Teichfischzucht und sieht keine Notwendigkeit für die Verfolgung dieser Art.

Nach Untersuchungen im Wolgadelta kam Markuse (1965) zu dem Schluß, daß der Haubentaucher der Flußfischzucht nur ganz geringen Schaden zufügt. Er macht nicht einmal mehr als 0,2% der Fischbrut aus. Diese geringen durch Haubentaucher verursachten Fischverluste stehen in keinem Verhältnis zu den Schäden, die Krankheiten in den zum Teil überbesetzten Teichen der Oberlausitz unserer Fischzucht zufügen.

Und sollte wirklich noch ein Verfechter alleiniger wirtschaftlicher Belange von der Schädlichkeit des Haubentauchers sprechen, dann muß noch darauf verwiesen werden, daß durch die Nachstellungen des Tauchers eine harte Auslese unter den Fischen getroffen wird, die zur Gesunderhaltung der Fischbestände beiträgt. Dieser für den Haubentaucher positive Faktor wird zwar zuletzt genannt, kann jedoch in seiner Bedeutung nicht hoch genug eingeschätzt werden.

Wir wollen diesen farbenprächtigen Vogel, der ohne Zweifel ein Charaktervogel größerer Wasserflächen ist, aus vielerlei Gründen auf unseren Teichen und Seen nicht missen. Er gehört wie jedes andere Lebewesen in diese Gemeinschaft, die er beeinflußt und die ihn beeinflußt.

Die Jagd auf den Haubentaucher in der heutigen Zeit hat den alleinigen Zweck, eine „schädliche" Tierart zu dezimieren, denn die erlegten Tiere werden keiner weiteren Verwendung zugeführt. Leider wird durch unzureichende Schutzmaßnahmen bzw. durch unzulängliche Schonzeiten dem verantwortungslos handelnden Schießer ein weites Betätigungsfeld für seine Freude am Töten gegeben. Zum größten Teil führen die Paare noch unselbständige Junge, wenn sie erlaubterweise bereits geschossen werden dürfen. Um noch nicht selbständigen Jungen einen qualvollen Hungertod zu ersparen, dürfte die Jagdzeit — unter normalen Bedingungen — nicht vor dem 1. 9. beginnen. Wenn schon ein Abschuß aus wirtschaftlichen Gründen notwendig werden sollte, dann sollte man ihn lieber im April gestatten. In diesem Monat gibt es noch keine Jungen, und auch die Zahl der Gelege ist noch unbedeutend.

Zur Zeit gelten folgende Regelungen (1971):

DDR	jagdbar vom 1. 7. bis 31. 3.
BRD	ganzjährige Bejagung, ausgenommen Nordrhein-Westfalen, jagdbar vom 1. 8. bis 28. 2.; Rheinland-Pfalz, jagdbar vom 1. 8. bis 31. 3. In Schleswig-Holstein (B e r n d t MS) sind brütende Altvögel und Junge vom 15. 4. bis 15. 7. geschützt.
Österreich (Juli 1970)	meist ganzjährig geschützt, jagdbar in Kärnten vom 1. 8. bis 14. 3., Bez. Salzburg und Vorarlberg ganzjährig.
Dänemark	„Lappentaucher“ jagdbar vom 1. 10. bis 29. 2.

22. Literatur

Andersson, T. (1954): Simflyttning hos skägdopping *(Podiceps cristatus)* och gråhakedopping *(Podiceps griseigena)*. - Fågelvärld 13, S. 133—142; Anonymus (1939): Jahresbericht der Vogelwarte Sempach für das Jahr 1938. - Orn. Beob. Bern 36, S. 67—81; dgl. (1943): Jahresbericht der Schweiz. Vogelwarte Sempach für die Jahre 1941 und 1942. - ebd. 40, S. 25—43

Bäsecke, K. (1953): Vom Haubentaucher. - Vogelwelt 74, S. 149—150; Bandorf, H. (1960): Das Vorkommen der See- und Lappentaucher in Unterfranken. - Anz. orn. Ges. Bayern 5, S. 557—572; dgl. (1968): Beiträge zum Verhalten des Zwergtauchers *(Podiceps ruficollis)*. - Beihefte d. Vogelwelt 1, S. 7 bis 61; dgl. (1970): Der Zwergtaucher *(Tachybaptus ruficollis* [Pallas]). - Neue Brehm-Büch. 430; Bauer, K., und U. Glutz v. Blotzheim (1966): Handbuch der Vögel Mitteleuropas. 1. Frankfurt a. M.; Benz, E. (1952): Balzspiele junger Haubentaucher. - Orn. Beob. Bern 49, S. 31; Berg-Schlosser, G. (1968): Die Vögel Hessens (Ergänzungsband). Frankfurt a. M.; Berndt, R. K. (MS): Der Haubentaucher, *Podiceps cristatus,* in Schleswig-Holstein und Hamburg; Berndt, R., und W. Meise (1962): Naturgeschichte der Vögel. Bd. 2. Stuttgart; Bezzel, E. (1957): Beiträge zur Kenntnis der Vogelwelt Sardiniens. - Anz. orn. Ges. Bayern 4, S. 589—707; dgl. (1964): Ornithologische Sommerbeobachtungen aus Kleinasien. - ebd. 7, S. 106—120; dgl. (1965): Zum Brutbestand von Lappentauchern und Enten in Südbayern. - ebd. 7, S. 242—272; dgl., und W. Wüst (1969): Faunistische Kurzmitteilungen aus Bayern. - ebd. 8, S. 518—530; dgl. (1970): Sammelbericht zur Brutverbreitung einiger Vogelarten in Südbayern. - ebd. 9, S. 226—234; Bochenski, Z. (1961): Nesting biology of the Black-necked Grebe. - Bird Study 8, S. 6—15; Burckhardt, D. (1958): Bericht über Wasservogelzählungen in den Wintern 1954/55 bis 1956/57 und über die internationalen Wasservogelzählungen von 1952/53 bis 1956/57. - Orn. Beob. Bern 55, S. 1—30; Buxton, J. (1952): Flußkrebse als Nahrung des Haubentauchers. - ebd. 53, S. 5—9

Capt, P. E. (1957): Recensement d'une colonie de Grèbes huppés près d'Yverdon. - Nos Oiseaux 24, S. 98—99; Conradty, P., und G. Hohlt (1967): Zur Kenntnis der Vogelwelt Nordgriechenlands II. - Anz. orn. Ges. Bayern 8, S. 45 bis 51; Corti, U. A. (1956): Die Vögel des Kantons Wallis. - Orn. Beob. Bern 53, S. 121—171; Szerlinsky, H. (1966): Beobachtungen an der Talsperre Pöhl. 2. Beobachtungsbericht. - Beitr. Vogelk. 12, S. 200—205

Dathe, H. (1953): Der Haubentaucher, *Podiceps c. cristatus* (L.), Brutvogel im oberen Vogtland. - Beitr. Vogelk. 3, S. 125—126; Dementjew, G. P., und N. A. Gladkow (1951): Die Vögel der Sowjetunion. 2. Moskau (russ.); Dittberner, H., und W. Dittberner (1970): Zur Brutvogelwelt des Naturschutzgebietes Felchower See (Uckermark). - Falke 17, S. 299—309; Dittrich, L. (1958): Beobachtungen an gefangengehaltenen Tauchervögeln. - Beitr. Vogelk. 6, S. 96—106; Drechsler, H. (1951): Die Kraniche vom Weißen Lug. Radebeul und Berlin; dgl. (1954): Wildschwäne über Uhlenhorst. ebd.

Eber, G. (1968): Die wichtigsten Wasservogelgebiete in Nordrhein-Westfalen. - Anthus 5, S. 41—108

Fiala, V. (1961a): Ornitologický rok na náměšťských rybnících. - Vlast. Sborník Vysočing 5, S. 165—194; dgl. (1961 b): Změny početního stavu potápek (Podicipidae) na náměšťských rybnízích v období 1885—1960. - Zool. Listy 10 (24), S. 127—134; dgl. (1965): Rozsireni vodniho ptactva na ceskomoravské vrehovine. Muz. vysociny v. Jihlave; Fischer, W. (1970): Vergleichende Beobachtungen an zwei Habichtspaaren in Südostthüringen. - Beitr. Vogelk. 16, S. 94—100; Floericke, C. (1898): Naturgeschichte der deutschen Schwimm- und Wasservögel. Magdeburg; Friderich, C. G. (1891): Naturgeschichte der deutschen Vögel. Stuttgart; Frieling, F. (1952): Zur Vogelwelt der Braunkohlentagebaue. - Beitr. Vogelk. 3, S. 58—59

Gebhardt, L., und W. Sunkel (1954): Die Vögel Hessens. Frankfurt a. M.; Geh, G. (1967): Späte und frühe Haubentaucherbrut *(Podiceps cristatus)*. - Anz. orn. Ges. Bayern 8, S. 182; Geiger, W. (1957): Die Nahrung der Haubentaucher *(Podiceps cristatus)* des Bielersees. - Orn. Beob. Bern 54, S. 97; Géroudet, P. (1953): Le troiséme recensement hivernal (1952—53) des oiseaux d'eau en Suisse romande. - Nos Oiseaux 22, S. 125—132; Glutz v. Blotzheim, U. N. (1967): Höchstalter schweizerischer Ringvögel, 2. Nachtrag. - Orn. Beob. Bern 64, S. 198—202; dgl. (1969): Höchstalter schweizerischer Ringvögel, 3. Nachtrag. - ebd. 66, S. 223—227; Göttschli, F. (1955): Beobachtungen am Nest des Haubentauchers. - Vögel Heimat 25, S. 116—118; Groebbels, F. (1932): Beobachtungen über die Art der Nahrungsaufnahme und die Tauchdauer beim jungen Haubentaucher (*Podiceps cristatus* L.). - J. Orn. 80, S. 266—272; dgl. (1958): Haubentaucherbeobachtungen auf den Möllner Seen. - Vogelwelt 79, S. 31—32; Grote, H. (1932): Brutvorkommen von *Podiceps cr. cristatus* (L.) an Meeresküsten. - Beitr. Fortpfl. Vögel 8, S. 189; dgl. (1940): Beiträge zur Kenntnis einiger Vögel des unteren Syrdarja-Gebietes. - ebd. 16, S. 205—213; Günther, R., und H. Streiffeler (1968): Die Vogelwelt der Karower- und Bucher Teiche sowie einiger Rieselfelder im Norden Berlins (1955—1967). - Beitr. Tierw. Mark 5, S. 69—135

Hachler, E. M. (1958): Zur Kenntnis der Lebensweise des Haubentauchers *(Podiceps cristatus)*. - Sylvia 15, S. 77—83 (tschechisch mit deutscher Zusammenfassung); Hagen, W. (1934): Frühlings-Ankunftstermine der Zugvögel in Lübeck. - Aquila 41, S. 115—121; Hamilton, D. (1929): Late brood of Great Crested Grebe in Scotland. - Brit. Birds 23, S. 44; Hanzák, J. (1952): Roháč velký, *Podiceps c. cristatus* (L.), jeho ekologie a hospodářský význam. - Acta Mus. Nat. Pragae 8 B, Zool. Nr. 1, S. 1—37 (engl.); Harrisson, T. H., und P. A. D. Hollom (1932): The Great Crested Grebe enquiry, 1931. - Brit. Birds 26, S. 62—92, 102—131, 142—155, 174—195; Hartert, E. (1912—1921): Die Vögel der paläarktischen Fauna. 2. Berlin; dgl. (1927): Die Brutzeiten der Vögel in Klein-Afrika. - Beitr. Fortpfl. Vögel 3, S. 188—204; Hauri, R. (1960a): Merkwürdiger Verlauf einer Haubentaucherbrut. - Orn. Beob. Bern 57, S. 190—192; dgl. (1960b): Der Brutbestand des Haubentauchers, *Podiceps cristatus*, im Kanton Bern. - ebd. 57, S. 208—214; dgl. (1962a): Eine Zweitbrut beim Haubentaucher. - ebd. 59, S. 22—23; dgl. (1962b): Die Haubentaucher am Dittligsee 1962. - ebd. 59, S. 198—200; dgl. (1964): Die Haubentaucher am Dittligsee 1963. - ebd. 61, S. 44—46; dgl. (1966): Die Haubentaucher am Dittligsee 1965. - ebd. 63, S. 19—20; dgl. (1967): Die Haubentaucher am Dittligsee 1966. - ebd. 64, S. 18—19; Heinroth, O. (1922): Die Beziehungen zwischen Vogelgewicht, Eigewicht, Gelegegewicht und Brutdauer. - J. Orn. 70, S. 172—285; dgl., und M. H e i n r o t h (1928): Die Vögel Mitteleuropas, 3. Berlin; H e s s e, E. (1920): Bemerkungen zu: Hermann S c h a l o w, Beiträge zur Vogelfauna der Mark Brandenburg. - J. Orn. 68, S. 272—291; H e y d e r, R. (1952): Die Vögel des Landes Sachsen. Leipzig; H i c k, U. (1963): Aufzucht von Haubentauchern im Kölner Zoo. - Freunde Köln. Zoo 6, S. 76—79; H ö l s c h e r, R., G. B. K. M ü l l e r und B. P e t e r s e n (1959): Die Vogelwelt des Dümmer-Gebietes. - Biol. Abh. H. 18—21; H ö l z i n g e r, J., und K. S c h i l h a n s l (1967): Durchzug und Überwinterung der Lappentaucher *(Podicipiformes)* im Ulmer Raum. - ebd. 8, S. 113—122; dgl. (1969): Ornithologischer Sammelbericht für Baden-Württemberg (I). - Anz. orn. Ges. Bayern 8, S. 473—509; dgl., G. K n ö t z s c h, B. K r o y m a n n und K. W e s t e r m a n n (1970): Die Vögel Baden-Württembergs — eine Übersicht. - ebd. 9, Sonderheft; H o f e r, J. (1957): Zur Tauchtiefe von Nordseetaucher und Haubentaucher. - Orn. Beob. Bern 54, S. 36—37; dgl. (1962): Haubentaucheralbino auf dem Sempachersee. - ebd. 59, S. 56; dgl. (1963): Außerordentliche Tauchtiefe eines Haubentauchers. - ebd. 60, S. 69; dgl., und E. S u t t e r (1965): Zum Eintritt der Geschlechtsreife beim Haubentaucher. - ebd. 62, S. 121—122; dgl. (1969a): Zur Tauchtiefe des Haubentauchers *Podiceps cristatus.* - ebd. 66, S. 1—6; dgl. (1969b): Zwei Bruten beim Haubentaucher auf dem Sempachersee LU. - ebd. 66, S. 58—61; H o l l o m, P. A. D. (1936): Report on Great Crested Grebe sample count, 1935 - Brit. Birds 30, S. 138—158; dgl. (1951): Great Crested Grebe sample census: report to end of 1950. - ebd. 44, S. 361—369; H o r s t, F. (1952): Der Haubentaucher als Brutvogel in der Kulturlandschaft. - Vogelwelt 73, S. 141; H u b e r, J. (1934): Das Bleßhuhn am Sempachersee. - Vögel Heimat 4, S. 54—56; dgl. (1956): Über Tauchtiefen unserer Wasservögel. - Orn. Beob. Bern 53, S. 5—9; H u x l e y, J. S. (1914): The Courtship-habits of the Great Crested Grebe *(Podiceps cristatus).* - Proc. Zool. Soc. London, 3, S. 491—562; dgl. (1924): Some further notes an the courtship behaviour of the Great Crested Grebe. - Brit. Birds 18, S. 129—134; dgl. (1933): Zur Balz des Haubentauchers. - Beitr. Fortpfl. Vögel 9, S. 95—96

J a c o b y, H., G. K n ö t z s c h und S. S c h u s t e r (1970): Die Vögel des Bodenseegebietes. - Orn. Beob. Bern 67, Beiheft, S. 49—51; J ä g e r, R. (1910): Seltene und bemerkenswerte Brutvögel der näheren und weiteren Eberswalder Umgebung. - Orn. Mschr. 35, S. 254—260; J a k o b s, B. (1971): Haubentaucher *(Podiceps cristatus)* erstmalig Brutvögel in der Trierer Talweitung. - Regulus 51, Bd. 10, S. 233—234; J e n t z s c h, H. (1968): Späte Brut des Haubentauchers, *Podiceps cristatus* (L.). - Beitr. Vogelk. 13, S. 373—374; J o h a n s e n, H. (1959): Die Vogelfauna Westsibiriens (8. Fortsetzung). - J. Orn. 100, S. 417—432; J u n g, N. (1966): Das Naturschutzgebiet Nonnenhof. - Falke 13, S. 132—136

K a m m e r e r, K. (1933): Zur Balz des Haubentauchers. - Beitr. Fortpfl. Vögel 9, S. 56; K a r g, W. (1963): Das Vorkommen der Seetaucher *(Gaviidae)* und Lappentaucher *(Podicipidae)* im Kreis Altenburg. - Abh. Ber. Naturk. Mus. Mauritianum Altenburg 3, S. 103—116; K e v e, A., I. P a t k i und A. V e r t s e (1943): Hauptmeldung der ornithologischen Balaton-Forschung im Jahre 1941. - M. Biol. Kut. Munk. 15, S. 153—211; dgl. (1960): Nomenclator Avium Hungariae. Budapest; K i p p, F. A. (1959): Der Handflügelindex als flugbiologisches Maß. - Vogelwarte 20, S. 77—86; Klamma, G., und H. Kumerloeve (1957): Frühe Haubentaucherbruten. - Vogelwelt 78, S. 97; Kniprath, E., und H. Kramer (1963): Zum Bestand einiger Vogelarten in der Bundesrepublik Deutschland. - ebd. 84, S. 148—154; Knorre, D. von (1964): Die Vogelwelt des Kreises Calau. - Beitr. Tierw. Mark 4, S. 139—168; Koenig, A. (1932): Die Vogelfauna Aegyptens (Die Flügeltaucher [Urinatores] Aegyptens). - J. Orn. 80, Sonderheft; Kooijmans, F. P. J. (1942): Broedende Futen in een stadspark. - Ardea, S. 292—293; Kornowski, G. (1957): Beiträge zur Ethologie des Bläßhuhns (*Fulica atra* L.). - J. Orn. 98, S. 318—355; Krägenow, P., und R. Schwarz (1970): Die Vogelwelt des Kreises Röbel (Natur und Naturschutz in Mecklenburg). Stralsund—Greifswald; Krause, R. (1960): Auch der Haubentaucher braucht Schonzeit. - Falke 7, S. 129—131; Kuhk, R. (1939): Die Vögel Mecklenburgs. Güstrow; Kunz, W. (1959): Die Vogelwelt des Kreises Bersenbrück. Quakenbrück; dgl. (1963): Weitere Zweitbrutnachweise beim Haubentaucher *(Podiceps cristatus)* in Deutschland. - Beitr. Naturk. Nieders. 16, S. 75—78

Lelek, A., und J. Havlin (1956): Studie o hnizděni a snůšce lyský čemé. - Zool. Listy 5, S. 193—210; Leuzinger, H. (1960): Bericht über die nationalen und die internationalen Wasservogelzählungen des Winters 1957/58 in der Schweiz. - Orn. Beob. Bern 57, S. 161—176; dgl. (1961): Bericht über die nationalen und internationalen Wasservogelzählungen der Winter 1958/59 und 1959/60 in der Schweiz. - ebd. 58, S. 109—124; dgl. (1964): Bericht über die internationalen Wasservogelzählungen 1960/61 bis 1962/63 und die nationale Wasservogelzählung 1962/63 in der deutschen Schweiz. - ebd. 61, S. 141—176; Lippert, W. (1967): Ornithologisches Beobachtungsmaterial aus der Elbaue bei Tangermünde. Teil 1, *Nonpasseres*. - Beitr. Vogelk. 13, S. 47—71; Litzbarski, B., H. Litzbarski und G. Hübner (1967): Die Vogelwelt des Tonabbaugeländes bei Zehdenik, Krs. Gransee. - Beitr. Tierw. Mark 4, S. 105—129; Lunau, C. (1933): Nahrungsflüge von *Podiceps cr. cristatus* (L.). - Orn. Mber. 41, S. 85—87; Lundevall, C.-F. (1953): Eastern birds which have extended their ranges into Scandinavia during the last 100 years. T. 2. - Fair Isle Bird Observ. 10, S. 11—18

Makatsch, W. (1950): Die Vogelwelt Mazedoniens. Leipzig; dgl. (1952): Die Vögel der Seen und Teiche. Radebeul und Berlin; McCartan, L., und K. E. L. Simmons (1956): Territory in the Great Crested Grebe *Podiceps cristatus* re-examined. - Ibis 98, S. 370—378; Markuse, W. K. (1965): Zur Ökologie (Biologie) der Lappentaucher im Wolgadelta in Verbindung mit der Fischzucht. - Ornitologie 7, S. 244—257 (russ.); Menzel, H. (1966): Vier weitere Vogelarten in Restlöchern des Braunkohlenbergbaues in der Oberlausitz. - Beitr. Vogelk. 11, S. 336—337; Merikallio, E. (1958): Finnish birds, their distribution and numbers. - Fauna Fennica 5; Mester, H. (1958a): Kiesel im Magen eines Haubentauchers. - Orn. Mitt. 10, S. 134; dgl. (1958b): Frühe Haubentaucherbruten. - Vogelwelt 79, S. 61; Moll, K.-H. (1955): Zur Balz des Haubentauchers. - Falke 2, S. 188—191; Moore, N. W., und C. H. Walker (1964): Organic chlorine insecticide residues in wild birds. - Natur 201, S. 1072 bis 1073

Naumann, J. F. (1905): Naturgeschichte der Vögel Mitteleuropas. 12. Gera-

Untermhaus; Nehls, H. W. (1968): Die Seevogelinsel Langenwerder 1966/67. - Falke 15, S. 188—195; dgl. (1969): Ergebnisse und Problematik der Wasservogelzählungen an der Ostseeküste Mecklenburgs. - Beitr. Vogelk. 14, S. 231 bis 237; Niethammer, G. (1942): Handbuch der deutschen Vogelkunde. 3. Leipzig; Niethammer, J. (1967): Zwei Jahre Vogelbeobachtungen an stehenden Gewässern bei Kabul in Afghanistan. - J. Orn. 108, S. 119—164; Nylund, P. (1945): Bidrag till kännedomen om sothönans biologie. - Orn. Fenn. 22, S. 100—121; Nyström, E. W. (1927): Mitteilungen über Brutvögel und Nestanalysen von dem Grundträsk-See. - ebd. 4, S. 65—69

Oelschlegel, H. (1970): Untersuchungen am Haubentaucher (*Podiceps cristatus* L.) im Plothener Teichgebiet. - Beitr. Vogelk. 15, S. 395—401; Onno, S. (1959): Srawnitelnaja ökologija widow poganok Estonii. - Ak. Nauk. Estn. SSR, Inst. Zool. i Bot. Tartu (russ.); dgl. (1960): Zur Ökologie der Lappentaucher (*Podiceps cristatus, griseigena* und *auritus*) in Estland. - Proc. of the XIIth Int. Orn. Congress, Helsinki 1958; dgl. (1971): Veränderungen im Bestand der in Estland brütenden Wasservögel und ihre Gründe. - Beitr. Vogelk. 17, S. 339 bis 348

Peitzmeier, J. (1969): Avifauna von Westfalen. Münster; Peters, J. L. (1931): Checklist of birds of the world. 1. Cambridge; Peters, N. (1933): Liste von Innenschmarotzern einiger Vögel von der Elbe. - Orn. Mber. 41, S. 13—15; Preuss, N. O. (1969): Lappedykkernes (*Podiceps*) udbredelse og talforhold som yngelefugle i Danmark. - Dansk Orn. Foren. Tidsskr. 63, S. 174—185

Rafn, A. C. (1941): Toppet Lappedykker ynglende i Kolonie. - Dansk Orn. Foren. Tidsskr. 35, S. 120; Rendahl, H. (1916): Erster ornithologischer Jahresbericht (1913) aus Schweden. - Orn. Mschr. 41, S. 367—383; Rey, E. (1905): Die Eier der Vögel Mitteleuropas. Gera-Untermhaus; Riviere, B. B. (1932): Ornithological report for Norfolk for 1932. - Brit. Birds 26, S. 309; Robien, P. (1929): Taucherbalz und Jungtaucher noch im September. - Beitr. Fortpfl. Vögel 5, S. 112; Ruthke, P. (1933): Beobachtungen am Haubentaucher (*Podiceps cr. cristatus* L.). - ebd. 9, S. 41—43; Rutschke, E. (1964): Beiträge zur Kenntnis der Vogelwelt des Gülper Sees und des angrenzenden Gebietes. - Beitr. Tierw. Mark 1, S. 59—96; dgl. (1969): Die Ergebnisse der ersten Mittwinterzählung der Wasservögel in der DDR. - Beitr. Vogelk. 14, S. 242—268; Rydzewski, W. (1938): Die polnische Station für Vogelzugforschung. - Vogelzug 9, S. 14—18

Schiermann, G. (1927): Untersuchungen an Nestern des Haubentauchers, *Podiceps cristatus*. - J. Orn. 75, S. 619—638; Schifferli, A. (1936): 11. und 12. Bericht der Schweiz. Vogelwarte Sempach (1934 und 1935). - Orn. Beob. Bern 33, S. 113—142; dgl. (1938): 14. Bericht der Schweiz. Vogelwarte Sempach (1937). - ebd. 35, S. 97—113; dgl. (1947): Tätigkeitsbericht der Schweiz. Vogelwarte Sempach für die Jahre 1945 und 1946. - ebd. 44, S. 69—81; dgl. (1949): Bericht der Schweiz. Vogelwarte Sempach für die Jahre 1947 und 1948. - ebd. 46, S. 161—184; dgl. (1951): Bericht der Schweiz. Vogelwarte Sempach für die Jahre 1949 und 1950. - ebd. 48, S. 181—208; dgl. (1955): 56. Schweizerische Ringfundmeldung. - ebd. 52, S. 184—202; dgl. (1957): Schweizerische Ringfundmeldung für 1955 und 1956. - ebd. 54, S. 155—173; dgl. (1959): Schweizerische

Ringfundmeldung für 1957 und 1958. - ebd. 56, S. 157—177; dgl. (1961): Schweizerische Ringfundmeldung für 1959 und 1960. - ebd. 58, S. 166—196; dgl. (1963): Schweizerische Ringfundmeldung für 1961 und 1962. - ebd. 60, S. 166—203; dgl. (1965): Schweizerische Ringfundmeldung für 1963 und 1964. - ebd. 62, S. 141 bis 169; dgl. (1967): Schweizerische Ringfundmeldung für 1965 und 1966. - ebd. 64, S. 171—197; dgl. (1969): Schweizerische Ringfundmeldung für 1967 und 1968. - ebd. 66, S. 190—227; Schlegel, R. (1925): Die Vogelwelt des nordwestlichen Sachsenlandes. Leipzig; dgl. (1929): Blicke in die Speisekarte einiger Vögel auf Grund von Magen- und Kropfanalysen. - Mitt. Ver. sächs. Orn. 2, S. 213—217; Schmidt, G. (1964): Wasserlugen bei Tauchvögeln. - J. Orn. 105, S. 350—351; Schnurre, O. (1934): Zwei Habicht *(Accipiter gentilis)* -bruten in gegensätzlichen Landschaftsformen. - Mitt. Ver. sächs. Orn. 4, S. 99—109; dgl. (1935): Ein Beitrag zur Frage der Reviergrenzen und Siedlungsdichte bei Habicht *Accipiter gentilis.* - ebd. 4, S. 211—225; Schönwetter, M. (1960): Handbuch der Oologie, 1. Lieferung. Berlin; Schubert, M. (1961): Zur Haubentaucher-Frage. - Falke 8, S. 267; Schüz, E. (1931): Vom Zug des Haubentauchers, (*Podiceps cristatus* [L.]). - Vogelzug 2, S. 67—68; Schuster, L. (1928): Einige brutbiologische Beobachtungen aus dem Jahre 1928. - Beitr. Fortpfl. Vögel 4, S. 209—214; Silvonen, L., und O. Kalela (1937): Über die Veränderungen in der Vogelfauna Finnlands während der letzten Jahrzehnte und die darauf einwirkenden Faktoren. - Acta Soc. Fauna Flora Fennica 60, S. 605—634; Simmons, K. E. L. (1954): The advertising Behaviour of the Great Crested Grebe. - Bird Study 1, S. 53—56; dgl. (1956): Feathereating and pellet-formation un the Great Crested Grebe. - Brit. Birds 49, S. 432 bis 435; dgl. (1957): The penguin-dance of the Great Crested Grebe. - ebd. 50, S. 269—270; dgl. (1965): The ritual world of the Great Crested Grebe. - Animals 6, S. 226—231; Sokolowski, J. (1967): Perkoz dwuczubny. Warszawa; Sonnemann, E., und K. Genz (1949): Mit Kajak und Kamera. Dresden; Steinbacher, F. (1929): Winterliches Vogelleben am Müggelsee. - J. Orn. 77, S. 480—489; Stephan, B. (1961): Zur Nahrung des Haubentauchers. - Falke 8, S. 97; Stolpe, M. (1932): Physiologisch-anatomische Untersuchungen über die hintere Extremität der Vögel. - J. Orn. 80, S. 161—247; Stolz, J. W. (1917): Ornithologische Nachlese aus der Oberlausitz. - Abh. naturf. Ges. Görlitz 28, S. 163—250; Stresemann, E. (1934): Aves. In Kükenthal/Krumbach, Handbuch der Zoologie. Leipzig/Berlin; dgl., und V. Stresemann (1966): Die Mauser der Vögel. - J. Orn. 107, Sonderheft; Studnitz, G. von (1928): Zum Tauchen von *Podiceps cristatus.* - Orn. Mber. 36, S. 112 bis 113; Suetens, W. (1960): De Kuiffuut, *Podiceps cristatus* (L.), in België. - Gerfaut 50, S. 231—264

Thönen, W. (1969): Nasse Asphaltflächen als „Fallen" für ziehende Haubentaucher. - Orn. Beob. Bern 66, S. 227—228; Tischler, O. (1941): Die Vögel Ostpreußens und seiner Nachbargebiete. Königsberg; Transehe, N. von (1940): 2. Tätigkeitsbericht der Lettländischen Ornithologischen Zentrale (1937 bis 1939). - Latvijas Orn. Centr. izd., S. 65; Tratz, E. P. (1954): Große Knäuel eigener Federn im Magen eines Haubentauchers. - Vogelwelt 75, S. 66—67; Tuchscherer, K., und D. Förster (1965): Ornithologische Beobachtungen in der Umgebung von Konstanza. - Falke 12, S. 236—241; dgl. (1966): Der Einfluß der Entenmast auf den Vogelbestand von Fischteichen. - Beitr. Vogelk. 11, S. 211—216

U l l r i c h, H. (1962): Zweitbrutnachweise beim Haubentaucher *(Podiceps c. cristatus)* in Deutschland. - J. Orn. 103, S. 496—497

V e n a b l e s, L. S. V., und D. L a c k (1934): Territory in the Great Crested Grebe. - Brit. Birds 28, S. 191—198; dgl., und dgl. (1936): Further notes an territory in the Great Crested Grebe. - ebd. 30, S. 60—69; V o o u s, K. H. (1962): Die Vogelwelt Europas und ihre Verbreitung. Hamburg und Berlin

W a g n e r, S. (1961): Ornithologische Beobachtungen im Teichgebiet Frohburg-Eschefeld 1957 und 1958. - Falke 8, S. 350—353; dgl. (1962): Über Verhalten und Brutbiologie des Bleßhuhns *(Fulica atra)*. - Beitr. Vogelk. 7, S. 381 bis 440; W a n g r i n, G. (1941): Haubentaucher nistet auf nacktem Boden. - Beitr. Fortpfl. Vögel 17, S. 175; W a r n c k e (1961): Haubentaucherkolonie im Salzwasser. - Vogelwelt 82, S. 59; W o b u s, U. (1963): Haubentaucherzweitbrut in der Oberlausitz. - ebd. 84, S. 55—56; dgl. (1964a): Der Rothalstaucher. - N. Brehm-Büch. 330; dgl. (1964b): Zur Biologie von Haubentaucher *(Podiceps cristatus)* und Rothalstaucher *(Podiceps griseigena)* und ihrer Verbreitung im Kreis Niesky/Oberlausitz. - Abh. Ber. Naturk. Mus. Görlitz 39, 12, S. 1—16

Z e d l i t z, O. (1926): Einige Notizen über den Beginn der Brutzeiten in Nordafrika. - Beitr. Fortpfl. Vögel 2, S. 25—28; Z i m m e r m a n n, R. (1923): Zur Brutbiologie des Lappentauchers. - Mitt. Ver. sächs. Orn. 1, S. 60—64; dgl. (1932): Über quantitative Bestandsaufnahmen in der Vogelwelt. - ebd. 3, S. 253—267

23. Register